杰出电工系列丛书

全面图解电工技术
从入门到精通

王学屯　编著

Publishing House of Electronics Industry

北京·BEIJING

内 容 简 介

本书为"杰出电工系列丛书"之一。本书以电工行业的工作要求和规范作为依据,全面系统地介绍了电工技术的相关知识。通过对本书内容的学习,初学者不仅可以轻松掌握电工的基础知识,还可以深入掌握电工的相关技能,并在工作中熟练应用,最终成为一名合格的电工技术人员。本书内容主要包括从安全电工做起,工具、仪表和材料,电工基础知识,电子元器件的识别,常用基本技能和工艺,常用低压电器元件的应用,电工常用电气识图,灯开关的接线技术及电路,电动机控制技术,照明线路的安装。

本书对电工知识的讲解全面详细,理论和实践操作相结合,内容由浅入深,语言通俗易懂,同时书中电路新颖、插图精美、资料珍贵、通俗实用,适合农村电工、各种技能培训或维修人员学习使用,也可作为职业院校或相关技能培训机构的培训教材。

图书在版编目(CIP)数据

全面图解电工技术从入门到精通/王学屯编著. —北京:电子工业出版社,2019.7
(杰出电工系列丛书)
ISBN 978-7-121-36640-6

Ⅰ. ①全… Ⅱ. ①王… Ⅲ. ①电工技术－图解 Ⅳ.①TM-64

中国版本图书馆 CIP 数据核字(2019)第 100582 号

策划编辑:李树林
责任编辑:赵 娜
印   刷:三河市君旺印务有限公司
装   订:三河市君旺印务有限公司
出版发行:电子工业出版社
         北京市海淀区万寿路 173 信箱   邮编 100036
开   本:787×1 092 1/16 印张:14.75 字数:378 千字
版   次:2019 年 7 月第 1 版
印   次:2019 年 7 月第 1 次印刷
定   价:59.00 元

FOREWORD 前言

本书为"杰出电工系列丛书"之一，有以下特点。

（1）适合初学者学习。本书从电工技能基础知识讲起，详尽介绍了电工技能的必备常识，使初学者容易学习并掌握最基本的技能。

（2）内容翔实，浅显易懂。本书着重对电工技能在生产活动中经常遇到的实际问题进行了介绍，能帮助电工初学者快速和轻松地掌握电工技能。

（3）插图精美。以大量的实物图夯实内容，方便初学者认识与学习。

全书共分10章，主要内容包括从安全电工做起，工具、仪表和材料，电工基础知识，电子元器件的识别，常用基本技能和工艺，常用低压电器元件的应用，电工常用电气识图，灯开关的接线技术及电路，电动机控制技术，照明线路的安装。

本书适合农村电工、各种技能培训或维修人员学习使用，也可作为职业院校或相关技能培训机构的培训教材。

全书主要由王学屯编写，参加编写的还有高选梅、王曌敏、刘军朝等。在本书的编写过程中参考了大量的文献，书后参考文献中只列出了其中一部分，在此对这些文献的作者深表谢意！

由于编者水平有限，且时间仓促，本书难免有错误和不妥之处，恳请各位读者批评指正，以便使之日臻完善，在此表示感谢。

编著者

CONTENTS 目录

第1章

从安全电工做起

1.1 电工安全操作规程

1.1.1 工作环境中的安全

对任何工作而言，安全都应当是第一位的。权威机构统计显示：有 90%的事故都是可以避免的。这就说明，我们在工作中发生的很多事故都是可以避免的。在各种事故中，因个人错误操作等导致的事故占总事故量的 80%以上，错误采用材料导致的事故仅占总事故量的 15%左右。

凡是与"电"有关的工作，都有大量潜在的危险。正因为如此，安全问题成为工作环境中的首要问题。因此，国家有关机构和强制安全的相关单位制定了相关规章、措施或方针，我们要认识这些事故预防标志（见图 1-1）。

注意安全　　禁止烟火　　禁止吸烟　　必须穿工作服

必须戴防护眼镜　　有电源标志　　当心电离辐射　　避险通道

必须戴安全帽　　当心触电　　必须穿防护鞋　　必须戴防尘口罩

图 1-1　事故预防标志

必须戴防护手套	必须系安全带	禁止触摸	必须接地
确认作业顺序	正在检修	必须穿隔热服	确认合格
禁止使用手机	必须戴防护耳器	必须用防护屏	必须戴防护面罩

图 1-1 事故预防标志（续）

1. 电工操作中的自我保护

自我保护是指在严格遵守电业安全工作规程和执行集体安全作业措施的前提下，在个人作业的范围内确保自身的安全。

1）普通电工安全服装

普通电工安全服装示意图如图 1-2 所示。电工在实际工作中需要注意以下问题。

（1）安全帽、绝缘鞋和防护眼镜必须根据一定的工作要求穿着。

（2）在强烈噪声的环境中工作时要戴上防护耳器。

（3）当在带电电路上工作时，应摘掉所有金属类首饰。

（4）在靠近机器工作时，不要留长发或必须束起长发。

（5）工作时一定要穿全棉质的衣服。人造纤维、聚酯纤维一类的衣服在高温下容易造成严重烧伤。

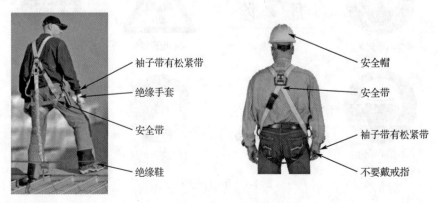

图 1-2 普通电工安全服装示意图

2）电工保护设备

每个电工都需要熟悉每种保护设备的安全标准，要确保电工保护设备可以真正按照设计要求起到保护的作用。电工保护设备包括以下几种。

（1）防护面罩。防护面罩如图 1-3 所示，其主要作用是保护头、脸和眼睛等部位，在电工操作中可以防止电弧、电射线或小飞虫、高空坠物砸伤人或引起的电爆炸等造成的伤害。

（2）橡胶保护设备。橡胶保护设备主要有橡胶手套、橡胶垫、橡胶鞋等，如图 1-4 所示。橡胶保护设备的主要作用是防止操作人员的皮肤直接接触带电电路。

图 1-3　防护面罩

橡胶手套

橡胶垫

橡胶鞋

图 1-4　橡胶保护设备

（3）高压保护服。高压保护服是为高压操作人员提供的特殊保护设备，如图 1-5 所示。

（4）带电操作杆。带电操作杆如图 1-6 所示，主要用于手动高压隔离开关、高压熔丝的更换，也包括临时接地高压电路的连接与移除的手动操作。

图 1-5　高压保护服　　　　　　　　　图 1-6　带电操作杆

（5）摔落保护。摔落保护主要为工作人员提供与从高处摔落相关的保护措施，包括警告线、安全监视器、定位装置、栏杆、个人摔落防止系统和受控访问区等。

2. 外线电工的安全操作

（1）在六级以上大风、大雨和雷电等恶劣天气下，严禁登杆工作作业和倒闸作业操作。雨后杆上、线上和地上积水未干时，也不得上杆工作，以防滑及防止因漏电引起触电等事故发生。

（2）登杆前，应检查登杆工具，如安全带、梯子、脚扣等是否完好、牢靠。检查杆根是否牢靠，杆身是否歪斜。新立电杆在完全牢固之前严禁攀登作业。

（3）在电杆上工作必须使用安全带。安全带应系在电杆和牢固的构架上，不得系在横担上或电杆顶稍上，以防止横担发生意外后安全带从杆顶脱出。系好安全带后，要检查一下扣环是否扣牢。杆上作业转位时，不得失去安全带保护。

（4）上横担时，应首先检查横担是否牢固、良好，检查时安全带应系在主杆上。

（5）登杆作业人员应佩戴工具袋或工具包。在工作时应防止跌落而伤到下面的人。使用的工具、材料等应用绳子传递，不得采用抛上抛下的方式传递。

（6）在带电电杆上，只允许在带电线路下方进行修补水泥杆裂纹，加固拉线，拆除鸟巢，紧固螺栓，查看导线、金属、瓷瓶等工作。作业人员的活动范围和携带的工具、材料等与低压导线距离不得小于 0.7m。

（7）在杆上进行作业时，地面应有专人监护。地面人员应戴安全帽，不得在杆上作业人员的垂直下方及杆下逗留。

（8）在同杆并架的多回路中，检修其中任意一条回路时，其他并架的所有线路都必须停电和挂接地线。

（9）登杆倒闸操作作业应由两人完成，由一人操作，另外一人监护。

（10）杆上工作完毕，应使用脚扣下杆，严禁甩脚扣从线绳上或抱杆快速滑溜下杆。

3. 内线电工的安全操作

（1）检修电路时，应穿绝缘性能良好的胶鞋，不可赤脚或穿潮湿的布鞋；脚下应垫干燥的木板或站在木凳上；身上不可穿潮湿的衣服（如汗水渗透的衣服）。

（2）在建筑物顶部工作时，应首先检查建筑物是否牢固，以防止滑跌、踏空、材料折断而发生坠落伤人事故。

（3）无论是带电还是停电作业，因故暂停作业后再次恢复工作时，应重新检查安全措施，确认无误后再继续工作。

（4）移动设备时，应先停电后移动，严禁带电移动电气设备。将电动机有金属外壳的电气设备移动到新位置后，应首先装好地线再接电源，经检查无误后，才能通电使用。

（5）禁止在导线、电动机和其他电气设备上放置衣物、雨具等物件。电气设备附近禁止放置易燃易爆品。

（6）禁止使用有故障的设备。设备发生故障后应立即排除。

（7）禁止越级乱装熔体。

（8）不同型号的电器产品不可盲目互换和代用。

（9）多人同时作业时，必须有专人负责和指挥。不得各自为政，各行其是。

1.1.2 人体触电的种类和方式

1. 人体触电的种类

人体触电的种类有电击和电伤两类。

（1）电击是指电流通过人体时所产生的内伤。它可使人体肌肉抽搐、内部组织损伤，造成发热、发麻、神经麻痹等，严重时将引起昏迷、窒息甚至心脏停止跳动、血液循环终止而死亡。通常说的触电，多指电击。触电死亡中绝大部分是电击造成的。

（2）电伤是指在电流的热效应、化学效应、机械效应及电流本身作用下造成的人体外伤，常见的有灼伤、烙伤和皮肤金属化等。

灼伤由电流的热效应引起，主要是指电弧灼伤，造成皮肤红肿、烧焦或皮下组织损伤。烙伤也是由电流热效应引起的，是指皮肤被电气发热部分烫伤或由于人体与带电体紧密接触而留下肿块、硬块，使皮肤变色等。皮肤金属化则是指用电流热效应和化学效应导致熔化的金属微粒渗入皮肤表层，使受伤皮肤带金属颜色且留下硬块。

2. 人体触电方式

1）单相触电

人体的一部分接触带电体的同时，另一部分又与大地或零线（中性线）相接，电流从带电体流经人体到大地（或零线）形成回路，这种触电称为单相触电，如图1-7所示。

图1-7　单相触电

单相触电对人体所产生的危害程度与电压的高低、电网中性点的接地发生等因素有关。在中性点接地的电网中，发生单相触电时，在电网的相电压之下，电流由相线经触电人的人体、大地和接地配置形成通路。在中性点不接地的电网中，发生单相触电时，人体处在相电压作用下（电流经过其他两相线、对地电容、人体形成闭合回路），此时通过人体的电流与系统电压、人体电阻和线路对地电容等因素有关。如果线路较短，对地电容电流较小，人体电阻又较大时，则其危险性可能不大；但若线路长，对地电容又大，则可能发生危险。

2）两相触电

人体的不同部位同时接触两相电源带电体而引起的触电称为两相触电，如图 1-8 所示。对于两相触电，无论电网中性点是否接地，所承受的相电压都将比单相触电时更高，危险性更大。

图1-8　两相触电

图1-9 跨步电压触电

3）跨步电压触电

雷电流入地或者载流电力线（特别是高压线）断落到地时，会在导线接地点及周围形成强电场，其电位分布以接地点为圆心向四周扩散，逐步降低，且在不同位置形成电位差（电压），如果人、畜跨进这个区域，则两脚之间将存在电压，该电压称为跨步电压。在这种电压作用下，电流从接触高电位的脚流进，从接触低电位的脚流出，这就是跨步电压触电，如图1-9所示。如果遇到这种危险场合，应合拢双脚跳离接地处20m之外，以保障人身安全。

4）接触电压触电

当电气设备某相的接地电流流过接地装置时，在其周围的大地表面和设备外壳上将形成分布电位，此时如果人站在距离设备外壳水平距离为0.8m处的地面上，并且手触及外壳（约1.8m高）时，在人的手和脚之间必将形成一个电位差，当此电位差超过人体允许的安全电压时，人体就会触电，通常称此种触电为接触电压触电。

为防止接触电压触电，在电网设计中经常需要采取一些有效措施来降低接触电压水平。

1.1.3 电流伤害人体的因素

人体对电流的反应非常敏感，触电时电流对人体的伤害程度与以下几个因素有关。

1. 电流的大小

触电时，流过人体的电流强度是造成损害的直接因素。大量实践证明，通过人体的电流越大，对人体的损伤越严重。

当通过人体的交流电流超过25mA或直流超过80mA时，会使人感觉麻疼或剧疼，呼吸困难，自身不能摆脱电源，有生命危险。

随着通过人体电流的增加，当有100mA的工频电流通过人体时，很短时间内就会使人呼吸窒息、心脏停止跳动、失去知觉，出现生命危险。一般来说，任何大于5mA的电流通过人身体都被认为是危险的。电流强度对人体的影响如图1-10所示。

一般情况下，按照通过人体的电流大小而使人体呈现不同的状态，可将电流划分为三级。

（1）感知电流。在一定概率下，通过人体引

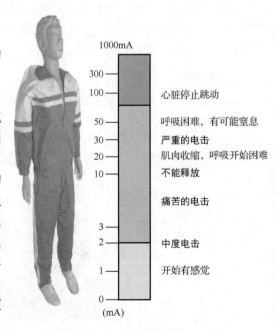

图1-10 电流强度对人体的影响

起人的任何感觉的最小电流称为感知电流，如轻微针刺、发麻。实验表明，平均感知电流的有效值成年男性约为 1.1mA，成年女性约为 0.7mA。

（2）摆脱电流。摆脱电流是指人触电后能自行摆脱带电体的最大电流。一般平均摆脱电流成年男性为 16mA，成年女性约为 10.5mA；最低摆脱电流成年男性为 9mA，成年女性为 6mA。

（3）室颤电流。室颤电流是指通过人体引起心室发生纤维性颤动的最小电流。一般人体所能忍受的安全电流约为 30mA，接触 30mA 以下的电流通常不会有生命危险。电流达到 50mA 以上，就会引起心室颤动，人就有生命危险，100mA 以上的电流，则足以致死。

1.1.4　安全电压值

人体与电接触时，对人体各部组织（如皮肤、心脏、呼吸器官和神经系统）不会造成任何损害的电压称为安全电压。

各国对安全电压值的规定不同，荷兰和瑞典为 24V；美国为 40V；法国交流为 24V，直流为 50V；波兰、瑞士为 50V 等。

我国有关标准规定，12V、24V 和 36V 这三个电压等级为安全电压级别，不同场所选用的安全电压等级不同。

在湿度大、狭窄、行动不便、周围有大面积接地导体的场所使用的手提照明灯，应采用 12V 安全电压。

凡手提照明器具，在危险环境、特别危险环境的局部照明灯，高度不足 2.5m 的一般照明灯、携带式电动工具等，若无特殊的安全防护或安全措施，均应采用 24V 或 36V 安全电压。

安全电压的规定是从总体上考虑的，对于某些特殊情况或某些人也不一定绝对安全。电压是否安全与人的当时状况、触电时间长短、工作环境、人与带电体的接触面积和接触压力等都有关系。因此，即使在规定的安全电压下工作，也不可粗心大意。

1.2　接地保护

为降低因绝缘破坏而遭到电击的危险，对于不同的低压配电系统，电气设备常采用保护接地、保护接零、重复接地及等电位连接等不同的安全措施。

1. 保护接地

保护接地是指将与电气设备带电部分相绝缘的金属外壳和架构通过接地装置同大地连接起来，如图 1-11 所示。保护接地常用在 IT 低压配电系统和 TT 低压配电系统中。

2. 保护接零

保护接零是指把电气设备正常时不带电的金属导体部分（如金属外壳）同电网的 PEN 线或 PE 线连接起来，如图 1-12 所示。保护接零适用于 TN 低压配电系统，在中性点接地的供电系统中，设备采用保护接零，当电气设备发生碰壳短路时，

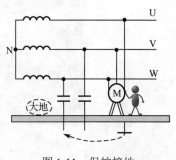

图 1-11　保护接地

即形成单相短路，使保护设备迅速动作断开故障设备，减小了人体触电的危险。

3. 重复接地

将电源中性接地点以外的其他点一次或多次接地，称为重复接地，如图 1-13 所示。重复接地是为了保护导体在故障时尽量接近大地电位。重复接地时，当系统中发生碰壳或接地短路时，一是可以降低 PEN 线的对地电压；二是当 PEN 线发生断线时，可以降低断线后产生的故障电压；三是在照明回路中，也可避免因零线断线所带来的三相电压不平衡而造成的电气设备损坏。

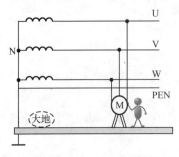

图 1-12　保护接零

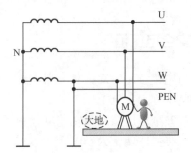

图 1-13　重复接地

4. 等电位连接

等电位连接是指将建筑物中各电气装置和其他装置中外露的金属及可导电部分与人工或自然接地体用导体连接起来以减少电位差。住宅楼做总等电位连接后，可防止 TN 系统电源线路中的 PE 和 PEN 线传导引入故障电压导致电击事故，同时可减少电位差、电弧、电火花发生的概率，避免接地故障引起的电气火灾事故和人身电击事故；同时也是防雷安全所必需的。因此，在建筑物的每一电源进线处，一般都设有总等电位连接端子板，由总等电位连接端子板与进入建筑物的金属管道和金属结构构件进行连接。

总等电位连接。总等电位连接是建筑物内电气装置的一项基本安全措施。其作用是降低接触电压，保障人员的安全。

辅助等电位连接。总等电位连接虽然能大大降低接触电压，但如果建筑物离电源较远，建筑物内线路过长，则过电流保护动作时间和接触电压都可能超过规定的限值。在这种情况下，应在局部范围内做辅助等电位连接（也称局部等电位连接），使接触电压降低至安全电压限值 50V 以下。等电位连接及箱体如图 1-14 所示。

图 1-14　等电位连接及箱体

1.3 触电急救知识

1.3.1 触电现场的处理

1. 脱电源

一旦有人触了电，千万不要惊慌失措，要赶快使触电者脱离电源，并就地抢救。使触电人员脱离电源的方法一般有以下几种。

（1）切断电源，如图 1-15 所示。

图 1-15 切断电源

（2）用绝缘物移去带电的电线，如图 1-16 所示。

图 1-16 用绝缘物移去带电的电线

（3）用绝缘工具切断带电电线，如图 1-17 所示。

图 1-17 用绝缘工具切断带电电线

（4）拉拽触电者的衣服（衣服必须是干燥的），使之摆脱电源，如图1-18所示。

图1-18　拉拽触电者的衣服

解脱电源时需注意如下事项：

（1）如果在架空线上或高空作业时触电，则要防止发生高空坠落造成二次伤害；

（2）严禁用金属或潮湿工具去切断电源线或移动带电导体，脱离电源时除应注意自身安全外，还需防止误伤他人；

（3）拉拽衣服时应单手操作，严禁触及触电者身体的任何部位；

（4）解脱电源时动作要迅速，耗时过多会影响整个抢救工作。

2. 判断神志及气道开放

1）判断

判断触电者的意识是否存在，整个判断时间应控制在5～10秒，如图1-19所示。

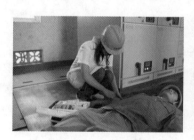

图1-19　判断触电者的意识是否存在

2）呼救

一旦确定触电者丧失意识，则表示情况严重，必须立即拨打120急救电话并进行急救，如图1-20所示。

图1-20　立即拨打120急救电话并进行急救

3）保持复苏体位

对触电者进行心肺复苏术时，触电者必须处于仰卧位，即头、颈、躯干平直无扭曲，双手放于躯干两侧，仰卧于硬地上，如图 1-21 所示。

触电者处于复苏体位后，应立即将其紧身上衣和裤带放松。

图 1-21　保持复苏体位

4）开放气道

常用的开放气道方法有以下几种：

（1）仰头抬颏（下巴）法，如图 1-22（a）所示；

（2）仰头抬项法，如图 1-22（b）所示，此法简单，但颈部有外伤时不能采用；

（3）双手提颌法，如图 1-22（c）所示，此法对怀疑有颈部外伤的触电者尤为适用。

（a）仰头抬颏法　　　　　　　　（b）仰头抬项法　　　　　　　　（c）双手提颌法

图 1-22　开放气道

3. 判断有否呼吸存在

在呼吸道开放的条件下，抢救者脸部应侧向触电者胸部，耳朵贴近触电者的嘴和鼻孔。通过"视、听、根据"来判断触电者是否有呼吸，一是听是否有呼吸声；二是看胸廓是否起伏；三是感觉是否有呼吸气流。整个检查时间不得大于 5 秒，如图 1-23 所示。

4. 判断有否心跳存在，5 秒内完成

当心跳、呼吸停止后，脑细胞马上就会缺氧，此时瞳孔会明显扩大。如果发现触电者瞳孔明显扩大，则说明情况严重，应立即进行心肺复苏。

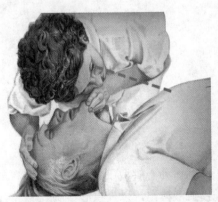

图 1-23　判断是否有呼吸

1.3.2 现场心肺复苏术

现场心肺复苏术的方法是用人工的方法来维持人体内的血液循环和肺内的气体交换，通常采用人工呼吸法和体外心脏按压法来达到复苏的目的。

1. 口对口人工呼吸法

人工呼吸的目的是用人工的方法来代替肺脏的自主呼吸活动，使气体有节律地进入和排出肺脏，以供给体内足够的氧气，充分排出二氧化碳，维持正常的气体交换。其操作方法如下。

使触电者仰卧，转过头并清理口腔中的异物，如水、黏液、血等。将触电者的下颚提高，使舌头不会阻碍气管，如图1-24（a）所示。

救护人员一只手捏紧触电者的鼻孔，另一只手掰开触电者的嘴巴，如图1-24（b）所示；救护人深深吸一口气，用嘴紧贴触电者的嘴，大口吹气，同时观察触电者胸部的膨胀情况，以略有起伏为宜，如图1-24（c）所示。

救护人吹气完毕准备换气时，应立即离开触电者的嘴，并放开其鼻孔，让触电者自动向外呼气，如图1-24（d）所示，应坚持每5秒吹气一次，连续进行，不可间断，直到触电者苏醒为止。

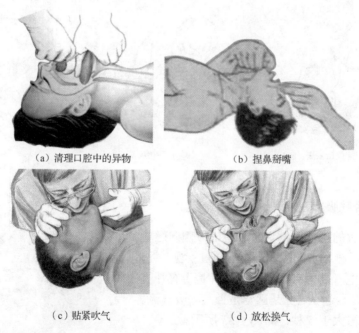

（a）清理口腔中的异物　　（b）捏鼻掰嘴

（c）贴紧吹气　　（d）放松换气

图1-24　口对口人工呼吸法

2. 体外心脏按压法

体外心脏按压的方法是连续有节奏地按压胸骨下半部，使胸骨下陷直接压迫心脏，从而使血液搏出，以提供心、肺、脑和其他重要器官的血液供应。

体外心脏按压法操作步骤如下：

（1）触电者必须仰卧于硬板上或地上，找到正确的按压点——心窝的稍上方，如图 1-25（a）所示。

（2）抢救者位于触电者一侧的肩部，按压手掌的掌根应放置于按压区，两手相叠，如图 1-25（b）所示。

（3）掌根用力向下面（脊背方向）挤压，压出心脏里面的血液，每秒挤压一次，如图 1-25（c）所示。

（4）挤压后，掌根很快全部放松，让触电人胸部自动复原，血液再次充满心脏，每次放松时，掌根不必完全离开胸壁，如图 1-25（d）所示。

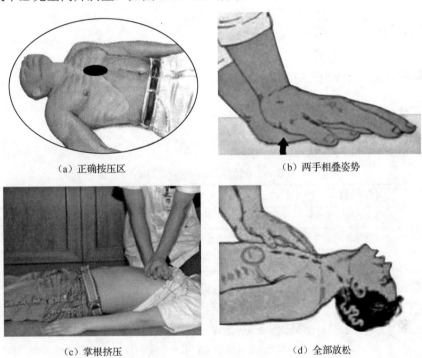

（a）正确按压区　　　　　　　　（b）两手相叠姿势

（c）掌根挤压　　　　　　　　　（d）全部放松

图 1-25　体外心脏按压法

第 ② 章

工具、仪表和材料

2.1 常用电工工具

2.1.1 常用电工工具的使用

1. 螺钉旋具（螺丝刀）

螺丝刀的分类和规格等见表 2-1，螺丝刀的外形如图 2-1 所示。

表 2-1　螺丝刀的分类和规格

主 要 作 用	螺钉旋具，又称为螺丝刀、起子、螺丝批等，主要用于紧固或拆卸螺钉	
分 类	按头部形状分类	一字、十字、星形
	按驱动方式分类	手动式、电动式
	按刀头是否可拆卸分类	固定式、组合套装
常 用 规 格	50～400mm	
电工常用规格	75mm、100mm、150mm、300mm 等长度规格，一般直径、长度与刀口的厚薄和宽度成正比	
螺丝刀使用的注意事项	（1）电工不可使用金属杆直通柄顶的螺丝刀，以避免触电事故的发生； （2）用螺丝刀拆卸或紧固带电螺栓时，手不得触及螺丝刀的金属杆，以免发生触电事故； （3）为避免螺丝刀的金属杆触及带电体时手指碰触金属杆，电工用螺丝刀时应在螺丝刀金属杆上穿套绝缘管； （4）在使用前应首先擦净螺丝刀柄和口端的油污，以免工作时滑脱而发生意外，使用后也要擦拭干净； （5）选用的螺丝刀口端应与螺栓或螺钉上的槽口相吻合。如口端太薄，则易折断，如太厚则不能完全嵌入槽内，易使刀口或螺栓槽口损坏； （6）使用时，不可用螺丝刀当撬棒或凿子使用	

螺丝刀的使用方法大致分为两种：大螺丝刀常采用抱握法，如图 2-2（a）所示；小螺丝刀常采用旋握法，如图 2-2（b）所示。抱握法的正确使用方法如下：以右手握持螺丝刀，手心抵住柄端，让螺丝刀口端与螺栓或螺钉槽口处于垂直吻合状态；当开始拧松或最后拧紧时，应用力将螺丝刀压紧后再用手腕力扭转螺丝刀；当螺栓松动后，即可使手心轻压螺丝刀柄，用拇指、中指和食指快速转动螺丝刀。

（a）一字和十字形

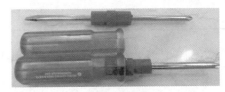

（b）双头形

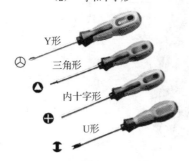

（c）星形

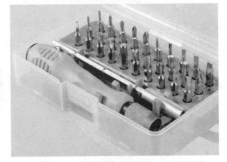

（d）组合套装

（e）电动式

（f）拐弯电动式

图 2-1 螺丝刀的外形

（a）大螺丝刀抱握法

（b）小螺丝刀旋握法

（c）电动螺丝刀握法

图 2-2 螺丝刀的使用方法

2. 剪切工具

1）钢丝钳

钢丝钳的作用及规格见表 2-2，钢丝钳的外形如图 2-3 所示。

表 2-2 钢丝钳的作用及规格

主 要 作 用	钢丝钳是用于剪切或夹持导线、金属丝、工件的钳类工具
电工常用规格	150mm、175mm、200mm
钢丝钳使用的注意事项	（1）电工在使用钢丝钳之前，必须保证绝缘手柄的绝缘性能良好，以保证带电作业时的人身安全； （2）用钢丝钳剪切带电导线时，严禁用刀口同时剪切相线和零线，也不可同时剪切两根相线，以免发生短路事故

续表

使用方法	钳口用于弯绞和钳夹线头或其他金属、非金属物体；齿口用于旋动螺钉螺母；刀口用于切断电线、起拔铁钉、削剥导线绝缘层等；侧口用于铡断硬度较大的金属丝等

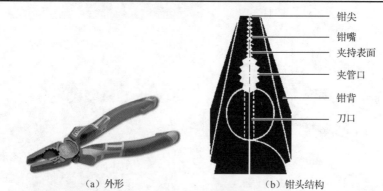

（a）外形　　　　　　　　　　　　　　（b）钳头结构

（c）主要用途

图 2-3　钢丝钳

2）尖嘴钳

尖嘴钳的作用及规格见表 2-3。尖嘴钳的外形如图 2-4 所示。

表 2-3　尖嘴钳的作用及规格

主要作用	尖嘴钳又叫修口钳，尖嘴钳的头部尖细，适用于在狭小的空间操作。钳头用于夹持较小螺钉、垫圈、导线和把导线端头弯曲成所需形状，小刀口用于剪断细小的导线、金属丝等
电工常用规格	按其全长分为 130mm、160mm、180mm、200mm
尖嘴钳使用的注意事项	（1）电工在使用钢丝钳之前，必须保证绝缘手柄的绝缘性能良好，以保证带电作业时的人身安全； （2）用钢丝钳剪切带电导线时，严禁用刀口同时剪切相线和零线，或者同时剪切两根相线，以免发生短路事故
尖嘴钳弯导线接头的操作方法	首先将线头向左折，然后紧靠螺杆按顺时针方向向右弯即成

 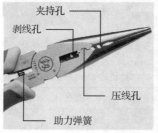 

（a）外形　　　　　　　　　　　　　　（b）主要结构

图 2-4　尖嘴钳

3）斜口钳

斜口钳的头部偏斜，又叫断线钳、偏嘴钳，主要用于剪断较粗的电线和其他金属丝，其外形如图2-5所示。

图2-5　斜口钳

4）剥线钳

剥线钳的作用及规格见表2-4。剥线钳的外形如图2-6所示。

表2-4　剥线钳的作用及规格

主 要 作 用	用来剥离横截面 6mm² 以下塑料、橡胶电线或电缆芯线的绝缘层
电工常用规格	它由钳口和手柄两部分组成，剥线钳钳口有 0.5～3mm 多个直径切口，用于和不同规格线芯线直径相匹配，切口过大则难以剥离绝缘层，切口过小会切断芯线
使 用 方 法	将待剥皮的线头置于钳头的刃口中，用手将两钳柄一捏，然后一松，绝缘皮便与芯线脱开
使用注意事项	电线必须放在大于其线芯直径的切口上切削，否则会伤线芯

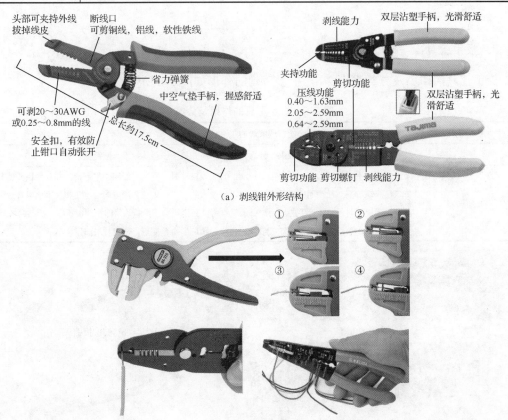

（a）剥线钳外形结构

（b）几种剥线钳的使用方法

图2-6　各种剥线钳

5）电缆剪线钳

电缆剪线钳的作用及规格见表2-5，电缆剪线钳的外形如图2-7所示。

表2-5 电缆剪线钳的作用及规格

主要作用	主要用于剪切电缆线材。不但可实现径向切割，而且仅通过简单旋转即可实现螺旋切割和纵向切割，并可控制切割深度，适用于切剥不同直径、不同绝缘层厚度的电缆线
主要结构	由钳柄、刀片、夹持钩、压力弹簧、调整螺母及安装在钳柄内的进刀装置组成，夹持钩、弹簧和调整螺母依次安装在钳柄的下部，夹持钩可相对钳柄上下自由活动
使用方法	将待剥皮的线头置于钳头的刀口中，用手将两钳柄一捏，然后一松，绝缘皮便与芯线脱开
使用注意事项	电线必须放在大于其线芯直径的切口上切削，否则会损伤线芯

图2-7 电缆剪线钳的外形

3. 扳手工具

扳手工具的作用及分类见表2-6，扳手工具的外形如图2-8所示。

表2-6 扳手工具的作用及分类

主要作用	扳手是一种紧固或拆卸有角螺钉或螺母的工具
分类	活扳手、开口扳手、内六角扳手、外六角扳手、梅花扳手、整体扳手、套筒扳手等
使用注意事项	无论何种扳手，最好的使用效果都是拉动，若必须推动时，则也只能用手掌来推，并且手指要伸开，以防螺栓或螺母突然松动而碰伤手指。要想得到最大的扭力，则拉力的方向一定要和扳手柄成直角。 在使用活扳手时，应使扳手的活动钳口承受推力而固定钳口承受拉力，即拉动扳手时，活动钳口朝向内侧；用力一定要均匀，以免损坏扳手或使螺栓、螺母的棱角变形，造成打滑而发生事故

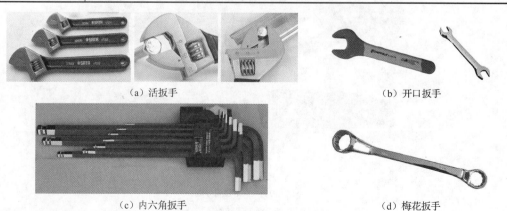

（a）活扳手 （b）开口扳手

（c）内六角扳手 （d）梅花扳手

图2-8 常见扳手外形

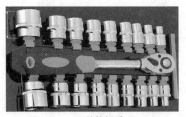

（e）整体扳手　　　　　　　　　　　　　（f）套筒扳手

图 2-8　常见扳手外形（续）

4. 电工刀

电工刀的作用及注意事项见表 2-7，电工刀的外形和使用方法如图 2-9 所示。

表 2-7　电工刀的作用及注意事项

主 要 作 用	电工刀是电工常用的一种切削工具
结　　构	普通的电工刀由刀片、刀刃、刀把、刀挂等构成
使 用 方 法	使用电工刀时，刀口应朝外部切削，切忌面向人体切削。剖削导线绝缘层时，应使刀面与导线成较小的锐角，以避免割伤线芯
使用注意事项	电工刀刀柄无绝缘保护，不能接触或剖削带电导线及器件。电工刀使用后应随即将刀身折进刀柄，要避免伤手

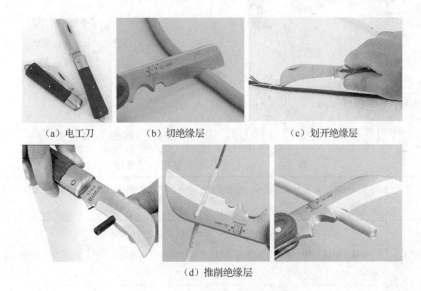

（a）电工刀　　　　　　（b）切绝缘层　　　　　　（c）划开绝缘层

（d）推削绝缘层

图 2-9　电工刀的外形和使用方法

2.1.2　内外线专用工具

1. 紧线器

紧线器的作用及使用方法见表 2-8，紧线器的外形及使用方法如图 2-10 所示。

表 2-8　紧线器的作用及使用方法

主 要 作 用	紧线器是在架空线路中用来拉紧电线的一种工具
主要类型及结构	型号比较繁多，如双钩紧线器、棘轮紧线器、手扳葫芦紧线器、棘轮手扳葫芦紧线器、虎头紧线器、多功能紧线器、合页紧线器等。常用的主要是多功能紧线器，它包括夹线部分和紧线部分，其特征是紧线部分在中轴上除装有一个棘轮外，还装有一个牙轮和与牙轮啮合的换向钩。虎头紧线器则用于输电线路、通信线路上钢绞线、铁线的收紧
使 用 方 法	首先把紧线器上的钢丝绳或镀锌铁线松开，并固定在横担上。 用夹线钳夹住导线，然后扳动专用扳手。利用棘爪的防逆转作用，逐渐把钢丝绳或镀锌铁线绕在棘轮滚筒上，使导线收紧。把收紧的导线固定在绝缘子上。 然后先松开棘爪，使钢丝绳或镀锌铁线松开，再松开夹线钳，最后把钢丝绳或镀锌铁线绕在棘轮的滚筒上

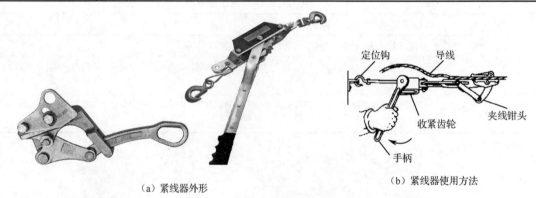

（a）紧线器外形　　　　　　　　　（b）紧线器使用方法

图 2-10　紧线器的外形及使用方法

2. 手电钻

手电钻的作用及使用注意事项见表 2-9，手电钻的外形如图 2-11 所示。

表 2-9　手电钻的作用及使用注意事项

主 要 作 用	手电钻是一种头部装有钻头、内部装有单相电动机，靠旋转来钻孔的手持电动工具，适合钻孔、打磨、抛光、切割等工作
主要类型及结构	手电钻有普通电钻和冲击电钻两种，普通电钻分交流型和直流型等。 电锤是电钻中的一类，常用来在墙面、混凝土、石材上面进行打孔，将多功能电锤的挡位调节到适当位置，并配上适当的钻头，就可以当作电镐使用了
使用注意事项	（1）操作者要戴好防护面罩。 （2）长时间作业时要佩戴耳塞，以减轻噪声的影响。 （3）电锤作业时应使用侧柄，双手操作，以防止堵转时的反作用力扭伤胳膊。 （4）站在梯子上工作或高处作业时应做好防坠落准备，梯子应由地面人员扶持。 （5）插头与电源较远时，应使用容量足够的延伸线缆，并做好线缆被碾压损坏的准备

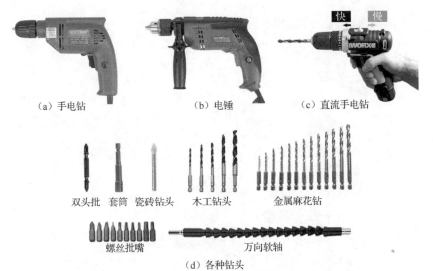

(a) 手电钻　　　　　　(b) 电锤　　　　　　(c) 直流手电钻

双头批　套筒　瓷砖钻头　木工钻头　　　金属麻花钻

螺丝批嘴　　　　万向软轴

(d) 各种钻头

图 2-11　手电钻的外形

3. 电烙铁

电烙铁的作用、结构及使用方法见表 2-10，电烙铁的外形、结构及使用方法如图 2-12 所示。

表 2-10　电烙铁的作用、结构及使用方法

主 要 作 用	电烙铁是利用电加热电热丝作为热源的热焊接工具
主要类型及结构	电烙铁的种类很多，根据其功能及加热方式，电烙铁可分为内热式和外热式两种。 电烙铁一般由烙铁头、烙铁芯、连接杆、手柄和电源线等几部分组成
选 用	焊接时可根据焊接对象合理选择使用电烙铁的功率：电子电路常选用内热式；电工中或体积较大的元器件，常选用外热式。 尖锥形烙铁头的热量比较集中，温度下降较慢，适用于焊接高密度的线头、小孔、小而怕热的元件及补焊；斜面形烙铁头，由于表面大，传热较快，适用于焊接布线不拥挤的印刷板焊点，往往作常规使用；一字平口形烙铁头适用于大器件或条形焊点的焊接
电烙铁的正确使用	（1）选用合适的焊锡，应选用焊接电子元件用的低熔点焊锡丝。 （2）助焊剂，用 25% 的松香溶解在 75% 的酒精（重量比）中作为助焊剂。 （3）电烙铁使用前要上锡，具体方法是，将电烙铁烧热，待刚刚能熔化焊锡时涂上助焊剂，再用电烙铁头部均匀沾上焊锡。 （4）焊接方法是，把焊盘和元件的引脚用细砂纸打磨干净，涂上助焊剂。用烙铁头蘸取适量焊锡，接触焊点，待焊点上的焊锡全部熔化并浸没元件引线头后，电烙铁头沿着元器件的引脚轻轻往上一提，离开焊点。 （5）焊接时间不宜过长，否则容易烫坏元件，必要时可用镊子夹住引脚帮助散热。 （6）焊点应呈波峰形状，表面应光亮圆滑，无锡刺，锡量适中。 （7）焊接完成后，要用酒精把线路板上残余的助焊剂清洗干净，以防炭化后的助焊剂影响电路的正常工作。 （8）集成电路应最后焊接，电烙铁要可靠接地，或者断电后利用余热焊接，也可使用集成电路专用插座，焊好插座后再把集成电路插上去。 （9）电烙铁应放在烙铁架上

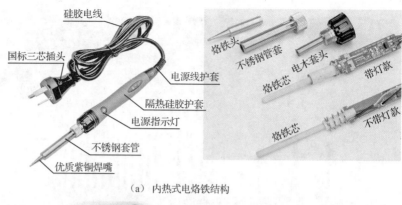

（a）内热式电烙铁结构

（b）外热电烙铁

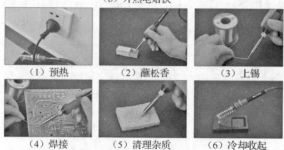

（1）预热　　　　　（2）蘸松香　　　　　（3）上锡

（4）焊接　　　　　（5）清理杂质　　　　（6）冷却收起

（c）电烙铁使用方法

图2-12　电烙铁的外形、结构及使用方法

4. 导线压线钳

导线压线钳的作用及使用方法见表2-11，导线压线钳的外形结构如图2-13所示。

表2-11　导线压线钳的作用及使用方法

主 要 作 用	导线压线钳是将导线与连接管或接线端子压接在一起的专用接线工具，可简化烦琐的焊接工艺，提高接合质量
主 要 类 型	分为手压钳和油压钳两种。手动压线钳有不同规格的产品，每种规格适用于一定线径的导线
使 用 方 法	压接时，首先将连接管（或接线端子）钳在钳腔内，然后把去掉绝缘层的导线端插进接线管（或接线端子）的孔内，插入的长度要超过压接痕的长度，使劲将手柄压合到底，当听到"哒"的一声后，压接即告完成。导线压线钳使用方法如图2-14所示

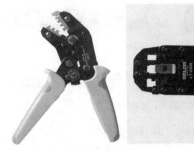

图 2-13 导线压线钳的外形结构

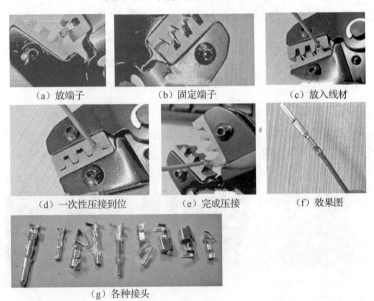

（a）放端子　　　　　　（b）固定端子　　　　　　（c）放入线材

（d）一次性压接到位　　　（e）完成压接　　　　　　（f）效果图

（g）各种接头

图 2-14 导线压线钳使用方法

2.1.3 电工安全工具

1. 试电笔

试电笔的作用、类型及使用方法见表 2-12，试电笔的外形结构如图 2-15 所示。

表 2-12 试电笔的作用、类型及使用方法

主 要 作 用	试电笔（又称电笔）是电工常用工具之一，用来判别物体是否带电
主 要 类 型	分为氖泡式和数显式两种类型。 氖泡式由氖管（俗称氖泡）、电阻、弹簧等组成，使用时，带电体通过电笔、人体与大地之间形成一个电位差，产生电场，电笔中的氖管在电场作用下就会发光。 数显式试电笔笔体带 LED 显示屏，可以直观读取测试电压数字
使 用 方 法	使用氖泡式试电笔时必须正确握持，拇指和中指握住试电笔绝缘处，食指压在笔端金属帽上。试电笔在使用前必须确认良好（在确有电源处试测）方可使用。使用时，应逐渐靠近被测体，直至氖管发光才能与被测物体直接接触。氖泡式试电笔使用方法如图 2-16 所示

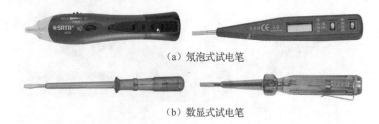

（a）氖泡式试电笔

（b）数显式试电笔

图 2-15　试电笔的外形结构

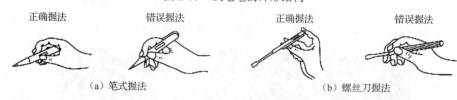

正确握法　　　　错误握法　　　　　　正确握法　　　　错误握法

（a）笔式握法　　　　　　　　　　　　（b）螺丝刀握法

图 2-16　氖泡式试电笔使用方法

2. 绝缘手套

绝缘手套又叫高压绝缘手套，是用天然橡胶制成，用绝缘橡胶或乳胶经压片、模压、硫化或浸模成型的五指手套，主要用于电工作业。绝缘手套如图 2-17 所示。

图 2-17　绝缘手套

3. 高压绝缘靴（鞋）

高压绝缘靴（鞋）如图 2-18 所示，主要适用于高压电力设备方面电工作业时作为辅助安全用具，在 1kV 以下可作为基本安全用具，适用于电力矿山、消防、工厂、建筑、林业等部门使用。

图 2-18　高压绝缘靴（鞋）

4. 安全帽

安全帽是防止冲击物伤害头部的防护用品，由帽壳、帽衬、下颊带和后箍组成。帽壳呈半球形，坚固、光滑并有一定的弹性，打击物的冲击和穿刺动能主要由帽壳承受。

2.1.4 检修安全用具

1. 标示牌

标示牌的作用、类型及规定见表2-13。常见标示牌如图2-19所示。

表2-13 标示牌的作用、类型及规定

主 要 作 用	用来警告工作人员不得接近设备的带电部分或禁止操作设备，指示工作人员何处可以工作及提醒工作时必须注意的其他安全事项
主 要 类 型	标示牌有四类七种，按其性质可分为禁止类、警告类、准许类、提醒类等
悬挂的有关规定	禁止类标示牌悬挂在"一经合闸即可送电到施工设备或施工线路的断路器和隔离开关的操作手柄上"。 警告类标示牌悬挂在以下地点：禁止通行的过道上或门上；工作地点临近带电设备的围栏上；在室外构架上工作时，挂在工作地点临近带电设备的横梁上；已装设的临时遮拦上；进行高压试验的地点附近。 提醒类标示牌悬挂在"已接地的隔离开关的操作手柄上"

图2-19 常见标示牌

2. 临时遮拦

临时遮拦的作用、类型见表2-14，常见临时遮拦如图2-20所示。

表2-14 临时遮拦的作用、类型

主 要 作 用	遮拦的主要作用是限制工作人员的活动范围，以防止工作人员在工作中接近危险的带电设备，造成工作人员发生触电事故
主 要 类 型	室内与室外停电检修设备使用临时遮拦的区别如下。 室内：用临时遮拦将带电运行设备围起来，在遮拦上挂标示牌，牌面向外。对配电屏后面的设备检修时，应将检修的屏后网状遮拦门或铁门打开，其余带电运行的配电盘应关好、加锁。 配电屏后面应有铁门或网状遮拦门，无门时，应在左右两侧安装临时遮拦。 室外：用临时遮拦将停电检修设备围起来（但应留出检修通道）。在遮拦上挂标示牌，牌面向内

伸缩式　　　　　　　　　　警戒式

图 2-20　常见临时遮拦

3. 临时接地线

临时接地线的具体要求和操作顺序见表 2-15，常见临时接地线如图 2-21 所示。

表 2-15　临时接地线的具体要求和操作顺序

具 体 要 求	挂临时接地线应由值班人员在有人监护的情况下按操作票指定的地点进行操作，在临时接地线上及其存放位置上均应挂好，挂临时接地线应按指定的编号顺序。装、拆临时接地线时应按如下要求操作。 （1）装、拆临时接地线工作必须由两人进行，当变电所单人值班时，只允许使用接地线隔离开关接地。 （2）对于可能送电至停电设备或线路的各方面或停电设备可能产生感应电压的，都要装临时接地线。 （3）装设临时接地线必须先接接地端，后接导体端；拆卸时顺序正好相反。装、拆临时接地线应使用绝缘手套或绝缘棒进行。 （4）装设时，应先将接地端可靠接地，当验电设备或线路确无电压后，立即将临时接地线的导体端接在设备或线路的导电部分上，此时设备或线路已接地并三相短路。 （5）带有电容器的设备或电缆线路，在装设临时接地线之前，应先放电。 （6）同杆架设的多层电力线路装设临时接地线时，应先装低压，后装高压；先装下层，后装上层；先装"地"，后装"火"。拆卸顺序正好相反。 （7）临时接地线与检修的设备或线路之间不应连接有断路器或熔断器。 （8）分段母线在断路器或隔离开关断开时，各段应分别验电并接地之后方可进行检修。降压变电所全部停电时，应将各个可能来电侧的部位装设临时接地线。 （9）临时接地线应挂在工作地点可以看见的地方。 （10）装设了临时接地线的线路，还必须在开关的操作手柄上挂"已接地"标示牌
操作时必须使用操作票	挂接一组导线的操作项目有两项：在××设备上验电应无电压；在××设备上挂接地线。拆卸地线的操作项目为一项：拆除××设备的接地线。但都必须使用操作票
操作的顺序	挂接或拆除临时接地线的操作顺序一定不要颠倒，否则将危及操作人员的人身安全，甚至造成人身触电事故。挂临时接地线时，如先将临时接地线的短路线挂接在导通上，即先接导线端，此时若线路带电（包括感应电压），操作人员的身上也会带电，这样将危及操作人员的人身安全。拆卸临时接地线时，如先将临时接地线的接地端拆开，还未拆卸下临时接地线的短路线，这时，若线路突然来电（包括感应电压），则操作人员的身体上会带电，人体有电流通过，将危及操作人员的人身安全

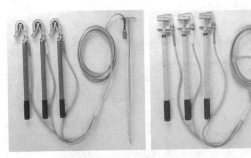

图 2-21 常见临时接地线

2.2 万用表的使用

2.2.1 MF47 型万用表的结构

MF47 型万用表的结构如图 2-22 所示。

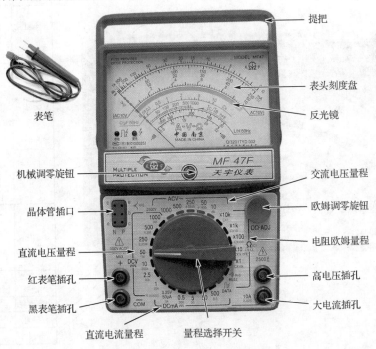

图 2-22 MF47 型万用表的结构

MF47 型万用表可供测量直流电流、交直流电压、直流电阻等，具有 26 个基本量程和电平、电容、电感、晶体管直流参数等七个附加参考量程。万用表正面上部是微安表，中间有一个机械调零螺钉，用来校正指针左端的零位。下部为操作面板，面板中央为测量选择、转换开关，右上角为欧姆挡调零旋钮，右下角有 2500V 交直流电压和直流 10A 专用插孔，左上角有晶体管静态直流放大系数检测装置，左下角有正（红）、负（黑）表笔插孔。

MF47 型万用表刻度盘如图 2-23 所示。

第四条供测电容用，
第五条供测电感用，
第六条供测音频电
平用。刻度线和数
字用红色

刻度盘上装有反光镜，用于消除视差。

欧姆刻度线　①

第一条专供测电阻用，
第二条供测交流电压、
直流电流用。刻度线
和数字用黑色

交直流电压/　②
电流刻度线

⑤　电感刻度线

④　电容刻度线

⑥　分贝刻度线

三极管放大　③
倍数

第三条供测晶体管放大倍数
用，刻度线和数字用绿色

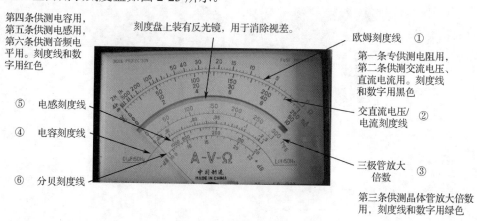

图 2-23　　MF47 型万用表刻度盘

刻度盘读数示例如图 2-24 所示。

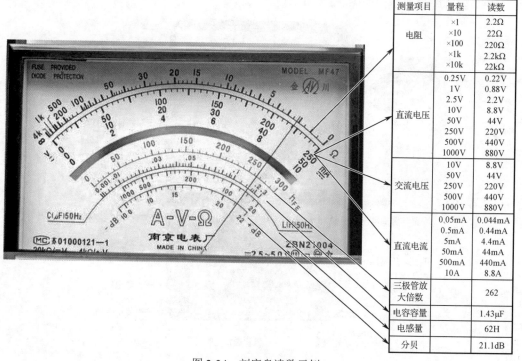

测量项目	量程	读数
电阻	×1	2.2Ω
	×10	22Ω
	×100	220Ω
	×1k	2.2kΩ
	×10k	22kΩ
直流电压	0.25V	0.22V
	1V	0.88V
	2.5V	2.2V
	10V	8.8V
	50V	44V
	250V	220V
	500V	440V
	1000V	880V
交流电压	10V	8.8V
	50V	44V
	250V	220V
	500V	440V
	1000V	880V
直流电流	0.05mA	0.044mA
	0.5mA	0.44mA
	5mA	4.4mA
	50mA	44mA
	500mA	440mA
	10A	8.8A
三极管放大倍数		262
电容容量		1.43μF
电感量		62H
分贝		21.1dB

图 2-24　刻度盘读数示例

2.2.2　指针式万用表测量电阻

指针式万用表测量电阻的正确方法分三个步骤：选择量程，欧姆调零，测量电阻并读数。

第一步：选择量程

欧姆刻度线是不均匀的（非线性），为减小误差，提高精确度，应合理选择量程，使指针指在刻度线的 1/3～2/3。选择量程如图 2-25 所示。

图 2-25　选择量程

第二步：欧姆调零

欧姆调零如图 2-26 所示。

选择量程后，应将两表笔短接，同时调节"欧姆调零旋钮"，使指针正好指在欧姆刻度线右边的零位置。若指针调不到零位，则可能是电池电压不足或其内部有问题。

每选择一次量程，都要重新进行欧姆调零。

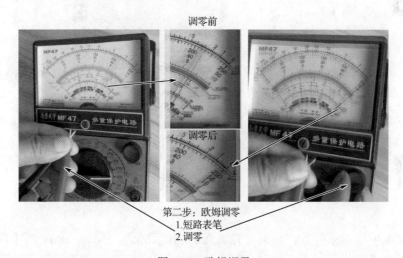

图 2-26　欧姆调零

第三步：测量电阻并读数

测量时，待表针停稳后读取读数，然后乘以倍率，就是所测的电阻值。测量电阻并读数如图 2-27 所示。

2.2.3　指针式万用表测量直流电压

第一步：选择量程

选择量程如图 2-28 所示。

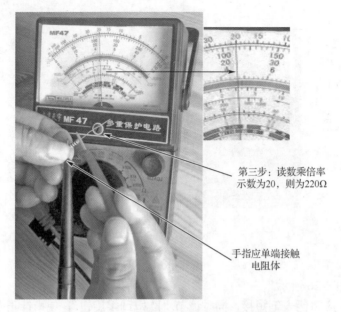

第三步：读数乘倍率
示数为20，则为220Ω

手指应单端接触
电阻体

图 2-27　测量电阻并读数

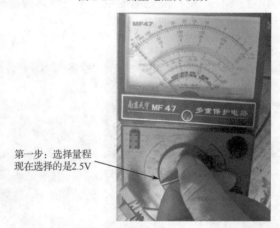

第一步：选择量程
现在选择的是2.5V

图 2-28　选择量程

万用表直流电压挡标有"V"，通常有 2.5V、10V、50V、250V、500V 等不同量程，选择量程时应根据电路中的电压大小而定。若不知道电压大小，则应首先用最高电压挡量程，然后逐渐减小到合适的电压挡。

第二步：测量方法

测量直流电压的方法如图 2-29 所示。

将万用表与被测电路并联，且红表笔接被测电路的正极（高电位），黑表笔接被测电路的负极（低电位）。

第三步：正确读数

待表针稳定后，仔细观察标度盘，找到相对应的刻度线，正视线读出被测电压值。正确读数方法如图 2-29 所示。

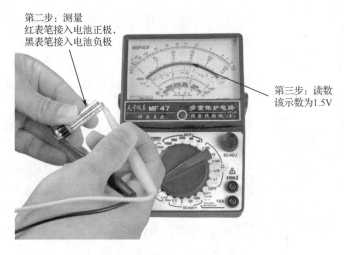

第二步：测量
红表笔接入电池正极，
黑表笔接入电池负极

第三步：读数
该示数为1.5V

图 2-29　测量直流电压和读数方法

2.2.4　指针式万用表测量交流电压

测量交流电压如图 2-30 所示。

交流电压的测量与上述直流电压的测量相似，不同之处如下：交流电压挡标有"～"，通常有 10V、50V、250V、500V 等不同量程；测量时，不用区分红黑表笔，只要并联在被测电路两端即可。

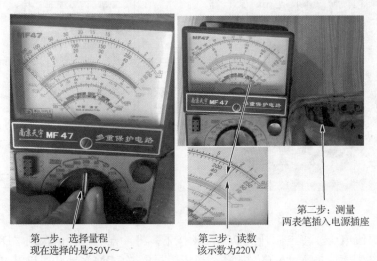

第一步：选择量程
现在选择的是250V～

第三步：读数
该示数为220V

第二步：测量
两表笔插入电源插座

图 2-30　测量交流电压

2.2.5　指针式万用表测量直流电流

测量直流电流的方法如图 2-31 所示。

第一步：选择量程

万用表直流电流挡标有"mA"，通常有 1mA、10mA、100mA、500mA 等不同量程，选择量程时应根据电路中的电流大小而定。若不知道电流大小，则应首先用最高电流挡量程，然后逐渐减小到合适的电流挡。

第二步：测量方法

将万用表与被测电路串联。将电路相应部分断开后，将万用表表笔串联接在断点的两端。红表笔接在与电源正极相连的断点，黑表笔接在与电源负极相连的断点。

第三步：正确读数

待表针稳定后，仔细观察标度盘，找到相对应的刻度线，正视线读出被测电流值。

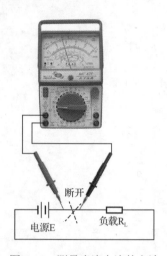

图 2-31　测量直流电流的方法

2.2.6　数字万用表的使用

如图 2-32 所示为普通 DT9205A 型数字万用表，下面以这种表盘为例来说明数字万用表的基本使用方法。

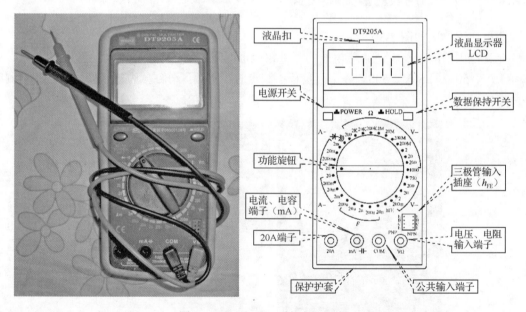

图 2-32　DT9205A 型数字万用表

（1）测量直流电压。将电源开关 POWER 按下；将量程选择开关拨到"DCV"区域内合适的量程挡；红表笔应插入"V.Ω"插孔，黑表笔插入"COM"插孔；以并联方式进行直流电压的测量，读出显示值，红表笔所接的极性将同时显示于液晶显示屏上。

（2）测量交流电压。将电源开关 POWER 按下；将量程选择开关拨到"ACV"区域内合适的量程挡；表笔接法和测量方法同上，但无极性显示。

（3）测量直流电流。将电源开关 POWER 按下；将功能量程选择开关拨到"DCA"区域内合适的量程挡；红表笔插"mA"插孔（被测电流≤200mA）或接"20A"插孔（被测电流>200mA），黑表笔插入"COM"插孔；将数字万用表串联于电路中即可进行测量；红表笔所接的极性将同时显示于液晶显示屏上。

（4）测量交流电流。将功能量程选择开关拨到"ACA"区域内合适的量程挡，其余的操作方法与测量直流电流时相同。

（5）测量电阻。按下电源开关POWER，将功能量程选择开关拨到"Ω"区域内合适的量程挡，红表笔接"V.Ω"插孔，黑表笔接"COM"插孔，将两表笔接于被测电阻两端即可进行电阻测量，便可读出显示值。

（6）测量二极管。按下电源开关 POWER，将功能量程选择开关拨到二极管挡，红表笔插入"V.Ω"插孔，黑表笔插入"COM"插孔，即可进行测量。测量时，红表笔接二极管正极，黑表笔接二极管负极，两表笔的开路电压为 2.8V，测试电流为（1.0±0.5）mA。当二极管正向接入时，锗管应显示 0.150～0.300V；硅管应显示 0.550～0.700V；若显示超量程符号，则表示二极管内部断路；若显示全零，则表示二极管内部短路。

（7）检查线路通断。按下电源开关 POWER，将功能量程选择开关拨到蜂鸣器位置，红表笔插入"V.Ω"插孔，黑表笔插入"COM"插孔，红黑两表笔分别接于被测导体两端，若被测线路电阻低于规定值（50±20）Ω，蜂鸣器发出声音，则表示线路是通的。

（8）测量三极管。按下电源开关POWER，将功能量程选择开关拨到"NPN"或"PNP"位置，确认晶体管是 NPN 还是 PNP 型三极管，将三极管的三个引脚分别插入"h_{FE}"插座对应的孔内即可。

（9）测量电容。把功能量程选择开关拨到所需要的电容挡位置，按下电源开关POWER，测量电容前，仪表将慢慢地自动回零，把红表笔插入"mA、⊣⊢"插孔，黑表笔插入"COM"插孔，把测量表笔连接到待测电容的两端，并读出显示值。

（10）数据保持功能。按下仪表上的数据保持开关（HOLD），正在显示的数据就会保持在液晶显示屏上，即使输入信号变化或消除，数值也不会改变。

2.3　兆欧表的使用

兆欧表又叫摇表、迈格表、高阻计、绝缘电阻表等，其标尺刻度直接用兆欧（MΩ）作为单位，是一种测量电器设备及电路绝缘电阻的仪表。

目前，兆欧表主要有两大类：一类是采用手摇发电机供电的手摇式兆欧表；另一类是采用电池供电的指针式兆欧表和数字式兆欧表。几种兆欧表的外形如图 2-33 所示。

手摇式　　　　　　　　数字式　　　　　　　　指针式

图 2-33　几种兆欧表的外形

2.3.1 手摇式兆欧表的结构和校表

手摇式兆欧表基本外形结构如图 2-34 所示，兆欧表一般有三个接线端子：线路端子（L）、地线端子（E）和保护（屏蔽）端子（G）。使用时，线路端子与被测物的导体接通；地线端子与被测物的地线或外壳接通；保护端子与被测物的保护遮蔽环或其他应避免进行测量的部分接通，以消除表面泄漏误差。

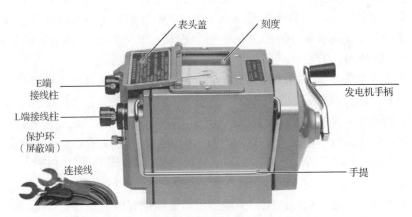

图 2-34　手摇式兆欧表基本外形结构

兆欧表的常用规格按发电机电压分为 100V、250V、500V、1000V 和 2000V 等几种。选用时主要应考虑它的输出电压及其测量范围。100V 的用于通信电路，250V 和 500V 的用于低压电路，1000V 和 2000V 的用于高压电路的设备及配电线等绝缘电阻测量。

手摇式兆欧表使用前的校表方法如下。

1．先校零点（短路试验）

将线路和地线端子短接，慢慢摇动手柄，若发现表针立即指在零点处，则应立即停止摇动手柄，且说明表的零点读数正确。

2．校满刻度（开路试验、校无穷大）

将线路、地线分开放置后，应先慢后快，逐步加速摇动手柄，待表的读数在无穷大处稳定指示时，即可停止摇动手柄，说明表的无穷大无异常。

经过上述短路试验和开路试验两项检测，证实表没问题，即可进行测量，如图 2-35 所示。

2.3.2 手摇式兆欧表的基本使用方法

1．正确接线

在测试前必须正确接线，兆欧表有三个接线端子："E"（接地）；"L"（线路）；"G"（保护环或叫屏蔽端子），如图 2-36 所示。保护环的作用是消除表壳表面"L"与"E"接线柱间的漏电和被测绝缘物表面漏电影响。

测量对象不同，接线方法也有所不同。测量绝缘电阻时，一般只用线路 L 端和地线端。

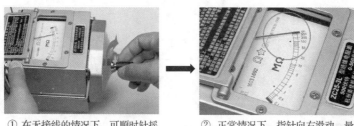

① 在无接线的情况下，可顺时针摇　② 正常情况下，指针向右滑动，最后
　动手柄　　　　　　　　　　　　　停留在 "∞"（无穷大）的位置

（a）校满刻度

① 将L与E端两根检测　　② 顺时针缓慢地转动手柄　　③ 正常情况下，指针向左滑
　棒短接起来测试　　　　　　　　　　　　　　　　　动，最后停留在 "0" 的
　　　　　　　　　　　　　　　　　　　　　　　　位置

（b）校零点

图 2-35　手摇式兆欧表测量方法

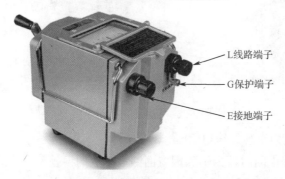

L线路端子

G保护端子

E接地端子

图 2-36　兆欧表的三个接线端子

2. 测试

线路接好后，可按顺时针方向转动摇把，摇动的速度应由慢而快，当转速达到 120r/min 左右时，保持匀速转动，1 分钟后读数，并且要边摇边读数，不能停下来读数。

特别注意：在测量过程中，如果表针已经指向了 "0"，此时不可继续用力摇动摇柄，以防损坏兆欧表。

3. 拆除连接线

测量完毕后，待兆欧表停止转动和被测物接地放电后，才能拆除连接导线。

2.3.3　手摇式兆欧表测量实例

例1　测量对地（或外壳）绝缘电阻。

在测量电气设备的对地绝缘电阻时，"L"用单根导线连接设备的待测部位，"E"用单根导线连接设备的外壳，如图 2-37 所示。

L线路端子　　　　　　　　　　　　　L线路端子

E接地端子　　　　　　　　　　　　　E接地端子　　　电动机

（a）　　　　　　　　　　　　　　　（b）

图 2-37　测量对地（或外壳）绝缘电阻

电动机绝缘电阻合格值如下：新电动机绝缘电阻>1MΩ，旧电动机绝缘电阻>0.5 MΩ。

例 2　测量相间绝缘电阻。

测电气设备内两绕组之间的绝缘电阻时，将"L"和"E"分别连接两绕组的接线端，如图 2-38 所示。

测量前将电动机端子上的原有连接片拆卸开，将"L"和"E"分别连接两绕组的 U1-V1、U1-W1、V1-W1 任意两个端子，共测量 3 次。

L线路端子

W2　V2　U2

V1　U1　W1

E接地端子

图 2-38　测量相间绝缘电阻

例 3　测量低压电力电缆绝缘电阻。

当测量电缆的绝缘电阻时，为消除因表面漏电产生的误差，"L"连接线芯，"E"连接外壳，"G"连接线芯与外壳之间的绝缘层，如图 2-39 所示。

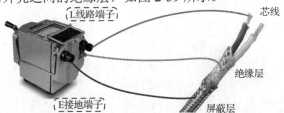

L线路端子　　　　　　　　　芯线

绝缘层

E接地端子　　　　　　　　　屏蔽层

图 2-39　测量低压电力电缆绝缘电阻

2.4　钳形电流表的使用

2.4.1　钳形电流表的结构和分类

钳形电流表是一种不需断开电路就可直接测量电路交流电流的便携式仪表，在电气检修中使用起来非常方便，此种测量方式最大的好处就是可以测量大电流而不需要关闭被测电路，其应用相当广泛。

钳形电流表简称钳形表，其工作部分主要由一只电磁式电流表和穿心式电流互感器组成。穿心式电流互感器铁芯制成活动开口，且成钳形，故名钳形电流表。目前，常见的钳形电流表按显示方式分为指针式和数字式；按功能分主要有交流钳形电流表、多用钳形表、谐波数字钳形电流表、泄漏电流钳形表和交直流钳形电流表等几种。钳形电流表的外形结构如图 2-40 所示。

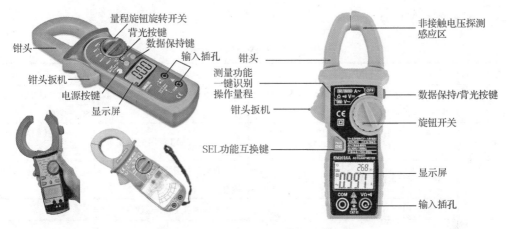

图 2-40　钳形电流表的外形结构

2.4.2　钳形电流表的使用方法

测量前，若是指针式表头，应检查电流表指针是否指向零位。如果未指向零位，应进行机械调零，以提高读数的精确度。

测量前应先估计被测电流的大小，选择合适的量程。若无法估计，则应先用较大量程测量，然后根据被测电流的大小再逐步换到合适的量程。在每次换量程时，必须打开钳口，再转换量程开关。钳形电流表测量方法如图 2-41 所示。

图 2-41　钳形电流表测量方法

2.5 常用材料

2.5.1 常用导电材料

1. 导线材料与种类

导线材料与种类见表 2-16。

表 2-16 导线材料与种类

导线材料		性能及特点	主要用途或类型	表示符号
铜		导电性能好,机械强度大,不易氧化和腐蚀,易于焊接和加工	用于电动机绕组、变压器绕组、电气线圈等	T—铜线;TV—硬铜;TR—软铜
铝		导电系数比铜大,价格比铜便宜,焊接比较困难	用于电机、变压器中的线圈等	L—铝线;LV—硬铝;LR—软铝
电线、电缆	裸线	只有导通部分,没有绝缘和保护层	主要类型有圆单线、软接线、硬绞线	
	电磁线	有绝缘和保护层	主要有漆包线和绕包线	
导线的分类	按材料分	铜线、铝线		
	按绝缘材料分	聚氯乙烯(PVC)塑料线、橡胶绝缘线		
	按电压分	300/500V、450/750V、600/1000V 和 1000V 以上		
	按温度分	普通(70℃)、耐高温(105℃)		
	按防火要求	普通型、阻燃型		

2. 导线的选择

导线的型号选择应根据所处的电压等级和使用场所来决定。

低压线路采用绝缘导线的型号、名称及主要用途见表 2-17。一般情况下,干燥房屋选用塑料线;潮湿地方选用橡胶绝缘线;在电动机等电流较大的地方采用橡胶绝缘线,靠近地面用塑料管。

表 2-17 绝缘导线的型号、名称及主要用途

型号		名称	主要用途
铜芯	铝芯		
BX	BLX	棉纱编织橡胶绝缘导线	固定敷设,可以明设、暗设
BXF	BLXF	氯丁橡胶绝缘导线	固定敷设,可以明设、暗设,多用于户外
BV	BLV	聚氯乙烯绝缘导线	室内外电器、动力及照明固定敷设
	NLV	农用地下直埋铝芯聚氯乙烯绝缘导线	直埋地下最低敷设温度不低于-15℃
	NLVV	农用地下直埋铝芯聚氯乙烯绝缘护套导线	
	NLYV	农用地下直埋铝芯聚氯乙烯绝缘聚氯乙烯护套导线	

续表

型　号		名　称	主　要　用　途
铜　芯	铝　芯		
BYR		棉纱编织橡胶绝缘软线	室内安装，要求较柔软时使用
BVL		棉纱编织聚氯乙烯绝缘软线	同 BV 型，安装要求较软时使用
RXS		棉纱编织橡胶绝缘双绞软线	可用于室内干燥场所的日用电器
RX		棉纱编织橡胶绝缘软线	
RV		聚氯乙烯绝缘软线	可用于日用电器、无线电设备和照明灯头接线等
RVB		聚氯乙烯绝缘平型软线	
RVS		聚氯乙烯绝缘绞型软线	

2.5.2　常用绝缘材料

在电工技术上，由电阻系数大于 109 $\Omega \cdot cm$ 的物质所构成的材料称为绝缘材料。

1. 固体绝缘材料的主要性能指标

固体绝缘材料的主要性能指标有击穿强度、绝缘电阻、耐热性、机械强度、黏度、固体含量、酸值、干燥时间及胶化时间等。

绝缘材料耐热性见表 2-18。固体绝缘材料的分类及名称见表 2-19。

表 2-18　绝缘材料耐热性

等级代号	耐热等级	允许最高温度/℃
0	Y	90
1	A	105
2	E	120
3	B	130
4	F	155
5	H	180
6	C	>180

表 2-19　固体绝缘材料的分类及名称

分类代号	分类名称
1	漆树脂和胶类
2	浸渍材料制品
3	层压制品类
4	压塑料类
5	云母制品类
6	薄膜、电胶带和复合制品类

2. 绝缘漆

1）浸渍漆

浸渍漆主要用来浸渍电动机、电气设备的线圈和绝缘零部件，以填充其间膜和微孔，提高它们的电气及力学性能。

2）覆盖漆

覆盖漆可分清漆和磁漆两种，用于涂覆及浸渍处理后的线圈和绝缘零部件，作为绝缘保护层。

3）硅钢片漆

硅钢片漆用来覆盖硅钢片表面，降低铁芯的涡流损耗，增强防锈和耐腐蚀的能力。

第 **3** 章

电工基础知识

3.1 电路模型

3.1.1 电路组成

行人与车辆所走的路称为道路；船只所通过的渠道称为水路；火车所行驶的道路称为铁路；汽车所行驶的道路称为公路；同样道理，我们把电流所通过的路径称为电路。

电路示意图如图 3-1 所示，通过开关用导线将蓄电池与灯泡连接起来，当闭合开关时，电流就流过导线，灯泡被点亮。

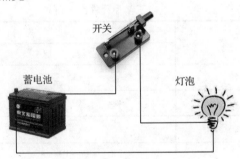

图 3-1　电路示意图

任何一个完整的实际电路，总是由电源、负载、导线和开关 4 个基本部分组成的。

1. 电源

电源为电路提供电压，使导线中的自由电子移动，其作用是把其他形式的能量转化为电能。常用的电源有两种：直流电源（DC）和交流电源（AC），如图 3-2 所示。任何使用直流电源的电路都是直流电路，任何使用交流电源的电路都是交流电路。

（a）直流电源　　　　　　　　　　　　　　　　（b）交流电源

图 3-2　常用的两种电源

2. 负载

各种用电设备都可统称为负载，其作用是将电能转化为其他形式的能量，如电灯泡、电风扇、电动机、电加热器等。

3. 导线

导线就是连接电源和负载的电线，其作用是输送和分配电能。常用的导线有铜线和铝线，在弱电中（印制电路板）常用印制铜箔作为导线。

4. 开关

开关用来控制电路的导通（ON）和断开（OFF）。常用的有闸刀开关、拉线开关、按钮开关、拨动开关、空气开关等，在弱电中常采用电子开关来替代机械性开关。

3.1.2 电路符号

电路可以用电器的原形来表示，但画起来太麻烦。为便于分析和研究电路，用统一规定的图形符号来代替实物，这些符号各个国家和地区都有相应的规定。电工常见元件图形符号见表 3-1。

表 3-1　电工常见元件图形符号

编　号	名　称	新　国　标	
		图 形 符 号	文 字 符 号
1. 电源	直流	—— 或 ===	
	交流		
	交直流（脉冲）		
	电池		V_{CC}、E
	电压源	+ -	
	电流源		
2. 导线的连接	不连接导线		
	连接导线		
	导线的多线连接	或	
3. 接地	一般接地		
	其他接地		

续表

编　号	名　　称	新　国　标	
		图 形 符 号	文 字 符 号
4. 电阻	一般符号	 ——▢——	R
	可变电阻	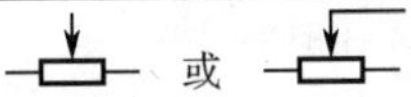 ▭ 或 ▭	W
5. 电容	一般符号	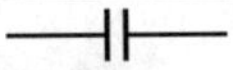 —‖—	C
	极性电容	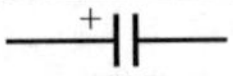 —⁺‖—	C
6. 开关	一般符号	⟋	S
	刀开关（三极开关、组合开关）	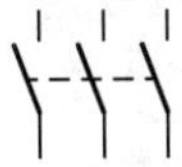	QS
7. 仪表	电流表	 —Ⓐ—	
	电压表	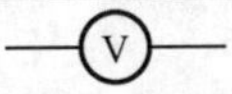 —Ⓥ—	
8. 指示器	灯泡	 —⊗—	
9. 熔断器		 —▭—	FU
10. 电感		 ⌒⌒⌒	
11. 半导体	二极管	—▷|—	VD
	三极管	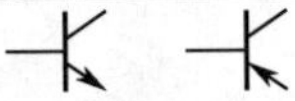	VT
	发光二极管		LED

3.1.3　电路图模型

如果将实际元件理想化，在一定条件下突出其主要电磁性质，忽略其次要性质，这样的元件所组成的电路称为实际电路的电路模型（简称电路）。于是，图 3-1 所示的实物图就可以画成图 3-3（b）所示的电路图。不要小看这个简单的电路图，因为一切电路图都可以用它来等效。

3.1.4　电路的三种工作状态

一个电路工作得正常与否，可以用电路的工作状态来表示，电路的状态一般有三种：通路、断路和短路。

实际电路与等效电路图如图 3-4 所示，下面就以这个等效电路图来分析电路的三种状态。

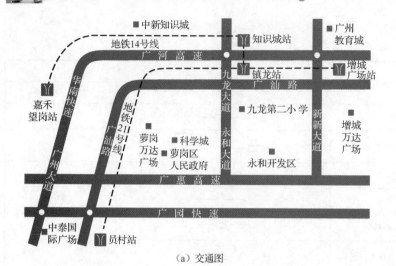

（a）交通图

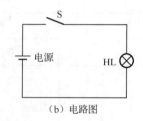

（b）电路图

图 3-3　从道路的交通图想到电路图

（a）实际电路　　　　　　　　　　（b）等效电路图

图 3-4　实际电路与等效电路图

1. 通路

通路又称闭路，就是电路工作在正常状态，电路工作在正常状态就说明其电压、电流和功率是符合电路设计要求的。

电路通路的条件如下：

（1）有正常的电源电压；

（2）正确的操作方法（如打开电源开关等）；

（3）参与电路的所有元器件没有损坏或性能不良；

（4）各种电气设备的电压、电流、功率等不能超过额定值。

2. 断路

断路又称开路，就是电路有断开的现象，电路中无电流流过，因此也称为空载状态。断路不仅仅是开关没有打开，参与电路的任何元器件都有可能产生断路现象（包括接触不良等）。

3. 短路

短路是指电路中的某个或某几个元器件击穿或连接线（或电路板的铜箔）相连了，此时，电路中电流过大，对电源来说属于严重过载，导致电源或其他元器件（设备）烧坏，所以，通常要在电路中安装熔断器（熔丝或保险管）等保护装置，严防电路发生意外短路。

3.2 电工"三兄弟"——电流、电压和电阻

3.2.1 电流

电荷的定向移动形成了电流，如图 3-5 所示。自由电子的移动方向决定了电流的方向，电流的方向总是与自由电子移动的方向相反。

为分析计算方便，习惯上规定：正电荷移动的方向为电流的正方向。

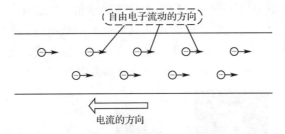

图 3-5 电流的形成及方向

电流的分类方式较多，按波形可分为直流电流、交流电流和脉冲电流三大类。电流的波形可以用示波器测量。图 3-6 是用仿真演示电流在示波器中的波形。

大小和方向均不随时间而变化的电流被称为直流电，用 DC 表示，如图 3-6（a）所示，电池就属于这种类型，直流电是不改变方向的，即电荷向着一个方向流动；凡大小和方向都随时间而变化的电流被称为交变电流，简称交流，用 AC 表示，如图 3-6（b）所示，日常生活中家用电器及照明使用的电流就属于这种类型，交流电是双向的，即电荷流动的方向呈周期性的变化；凡电流的大小随时间变化，但方向不随时间变化的电流被称为脉冲电流，如图 3-6（c）所示，某些蓄电池的充电电流就属于这种类型。

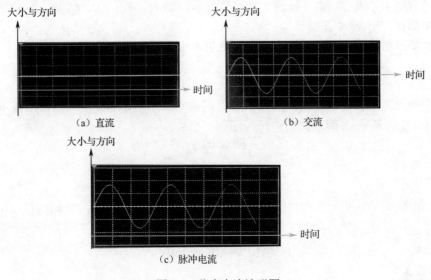

（a）直流

（b）交流

（c）脉冲电流

图 3-6 仿真电流波形图

电流的大小用电流强度来衡量。电流强度，简称电流，用 I 表示。电流国际单位制（SI制）单位为安培，简称安（A）。常用的电流单位还有千安（kA）、毫安（mA）、微安（μA）等，其换算关系如下：

$$1kA=10^3A=10^6mA=10^9\mu A$$

3.2.2　电位、电压和电动势

1. 电位

电流与水流相似，如图 3-7 所示。由于水位差的缘故，水总是从高水位流向低水位。同样，在外电路中，由于存在电位差，电流是从高电位流向低电位。水位是一个相对值，是相对于其基准点（或参考点）而言的，同理，电位也是一个相对值，是相对于其参考点（零电位点）而言的。我们将水位差称为水压，将电位差称为电压。

　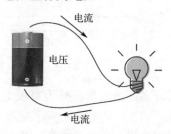

（a）水从高水位流向低水位　　　（b）电流从高电位流向低电位

图 3-7　电流与水流相似

为了求得电路中各点的电位值，必须选择一个参考点，参考点的电位规定为 0，这样，高于参考点的电位为正电位，低于参考点的电位为负电位。通常用大地或机壳作为参考点，分别用符号"⊥""⏚""▽"来表示。

电位通常用 V（或 U）带下标的文字符号表示，如 V_a、V_b、U_a、U_b 等。电位的单位名称是伏特，简称伏，用 V 表示。

注意： 当参考点改变时，电路中各点的电位值也将随之改变。

2. 电压

电路中两点之间的电位之差，称为该两点间的电压，也称电位差。通常用带下标的符号 U 表示，如 U_{ab} 表示 a、b 两点间的电压，即

$$U_{ab}=V_a-V_b$$

同理

$$U_{ab}=-U_{ba}$$

电压的国际单位是伏特，常用的单位还有千伏（kV）、毫伏（mV）和微伏（μV），其换算关系如下：

$$1kV=10^3V=10^6mV=10^9\mu V$$

3. 电动势

河水之所以能持续流动，这是因为上、下游之间有恒定的水位差。下游水是否可以流入

上游？可以，但必须有抽水机。同理，电荷要想持续流动形成持续电流，也必须存在恒定的电位差，这个"恒定的电位差"（即电流持续流动的力），被称为电动势。电动势用 E 表示，单位是伏（V）。

电动势可以由包括化学（蓄电池）、磁（发电机）、热（热偶元件）、光（光电器件）、机械压力（石英晶体）等在内的许多效应产生。

电动势有方向，电动势的方向规定：在电源内部由负极指向正极。

3.2.3 电阻、电导

1. 电阻

泥沙对水流有阻碍作用，同样，导体能够让电流通过，但同时导体对通过的电流有阻碍作用。我们把导体对电流的阻碍作用称为电阻，用"R"来表示。

电阻的国际单位名称是欧姆，简称欧，用Ω表示。常用的电阻单位还有千欧（kΩ）和兆欧（MΩ），其换算关系如下：

$$1M\Omega=10^3k\Omega=10^6\Omega$$

2. 电阻定律

导体的电阻不仅与其材料性质有关，还与其尺寸有关。在温度不变时，同一种材料的均匀导体，其电阻的大小与导体的长度成正比，与导体的横截面积成反比，这个规律称为电阻定律，用公式表示为

$$R=\rho\frac{L}{S}$$

式中，L 为导体的长度，单位是米（m）；S 为导体的横截面积，单位是平方米（m²）；ρ 为导体的电阻率，其值由导体材料的性质决定，单位是欧姆米（Ω·m）；R 为导体的电阻，单位是欧姆（Ω）。

可见，导体的电阻是客观存在的，它只与导体的尺寸及材料有关，而与加在导体两端的电压大小无关，即使没有电压，导体的电阻仍然存在。

3.3 描述电路的几个主要定律

3.3.1 欧姆定律

1. 部分电路欧姆定律

不包含电源的一段电路称为部分电路，如图 3-8 所示。

在一段部分电路中，通过电路的电流 I 与加在电路两端的电压 U 成正比，与电路的电阻 R 成反比，这个结论称为部分电路欧姆定律。在电压、电流的参考方向一致时，其公式如下：

$$I=\frac{U}{R} \quad 或 \quad U=IR$$

式中，电压的单位为 V，电阻的单位为Ω，则电流的单位为 A。

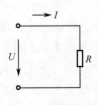

图 3-8 部分电路

部分电路欧姆定律揭示了电路中电流、电压、电阻三者之间的关系，是电路的基本定律之一。

2. 全电路欧姆定律

含有电源的闭合电路称为全电路，如图3-9（a）所示。

电源外部的电路（两极以外部分）称为外电路，电源内部的电路（两极以内部分）称为内电路。电流在经过内电路时也会受到阻碍作用，内电路的这种阻碍称为电源的内阻，一般用符号"r"来表示。通常在电路图上把r单独画出，是为了看起来方便。事实上，内电阻只存在于电源内部，与电动势是分不开的，也可以不单独画出，只在电源符号的旁边注明，如图3-9（a）可画成图3-9（b）。

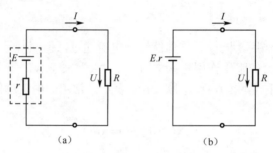

图3-9　全电路

全电路欧姆定律：在一个闭合电路中，电流的大小与电源的电动势成正比，与电路的总电阻（内、外电阻之和）成反比。在外电路中，电流由正极流向负极，在内电路中，电流由负极流向正极。公式为

$$I = \frac{E}{R+r}$$

由上式可得

$$E=IR+Ir=U_{外}+U_{内}$$

式中，$U_{外}=IR$为外电路的电压降，又称电源的端电压；$U_{内}=Ir$为内电路的电压降。

由上式知：电源电动势等于内、外电压降之和。式中，电动势的单位为 V，电阻的单位为Ω，则电流的单位为 A。

3.3.2　基尔霍夫定律

1. 基础知识

1）电流的参考方向

为分析计算方便，在计算之前，可以事先假定电流的方向，并在电路图中用箭头表示出来，这就是电流参考方向的概念。然后根据电流的参考方向进行计算，若结果为正值（$I>0$），则表明电流的实际方向与参考方向一致，如图3-10（a）所示；若结果为负值（$I<0$），则表明电流的实际方向与参考方向相反，如图3-10（b）所示（图中实线箭头表示电流的参考方向，虚线箭头表示电流的实际方向）。

电流参考方向的两种表示方法如图3-11所示。

※ 用箭头表示：箭头的指向为电流的参考方向。

※ 用双下标表示：如 I_{AB} 就意味着电流的参考方向为 A 指向 B。

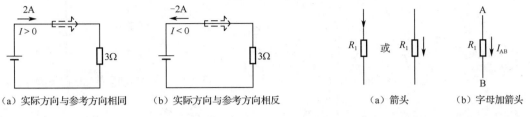

（a）实际方向与参考方向相同 　（b）实际方向与参考方向相反

图 3-10　电流的方向

（a）箭头　　　（b）字母加箭头

图 3-11　电流参考方向的两种表示方法

2）电压的参考方向

电压的方向规定为从高电位指向低电位，即电位降低的方向。因此，电压也称电压降。

在实际计算中，有时电压的实际方向难以确定，这时也可先假定电压的参考方向。若计算结果为正值，则实际电压方向与参考方向相一致；反之，则实际电压方向与参考方向相反，如图 3-12 所示。

（a）实际电压方向与参考方向一致　（b）实际电压方向与参考方向相反

图 3-12　电压的参考方向

电压参考方向的 3 种表示方法如图 3-13 所示。

※ 用箭头表示：箭头从正极指向负极。

※ 用正负极表示：正极表示高电位，负极表示低电位。

※ 用双下标表示：如 U_{AB} 就意味着 A 点电位高于 B 点电位。

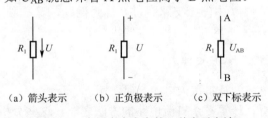

（a）箭头表示　　（b）正负极表示　　（c）双下标表示

图 3-13　电压参考方向的 3 种表示方法

注意：电路中各点的电位是相对的，与参考点的选择有关；但两点间的电压是绝对的，与参考点的选择无关。电位的参考点可以任意选择，但一个电路中只能选一个参考点。

原则上电压参考方向可任意选取，但如果已选定电流参考方向，则电压参考方向最好与电流参考方向选取一致，即沿着电流的参考方向就是电压从正极到负极的方向，这称为电流、电压的关联参考方向，如图 3-14 所示。这样，即使只有一种物理量的参考方向，也可定出另一种物理量的参考方向。

3）电动势的方向

直流电动势常有两种表示方法，如图 3-15 所示。

（a）电压电流的关联参考方向　　（b）电压电流的非关联参考方向

图 3-14　电流、电压的参考方向

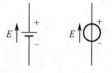

图 3-15　直流电动势常见的两种表示方法

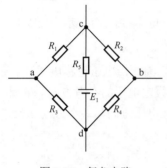

图 3-16　复杂电路

4）支路

电路中的每一个分支称为支路。它由一个或几个二端元件相互串联构成，在同一条支路内，流过所有元件的电流相等，称为支路电流。每一条支路只有一个电流，这是判别支路的基本方法。

在图 3-16 中有 9 条支路，即 a、b、c、d、ac、ad、cb、db、cd。其中，含有电源的支路称为有源支路，不含电源的支路称为无源支路。图 3-16 中有 1 条有源支路，即 cd 支路；其余都是无源支路。

5）节点

两条以上支路的连接点称为节点。在图 3-16 中有 a、b、c、d 共 4 个节点。

6）回路

电路中任何一个闭合路径称为回路。在图 3-16 中有 3 个回路，即 a—c—b—d—a 回路、a—c—d—a 回路、c—b—d—c 回路。

一个回路中可能只包含一条支路，也可能包含几条支路。

7）网孔

电路中不能再分的回路（中间无支路穿过）称为网孔，又称独立回路。在图 3-16 中有 a—c—d—a 网孔和 c—b—d—c 网孔。

2. 基尔霍夫第一定律（KCL 定律）

基尔霍夫第一定律也称为基尔霍夫电流定律。

基尔霍夫定律是分析、计算复杂直流电路的方法之一，这些分析方法不仅适用于直流电路，也适用于交流电路。

基尔霍夫电流定律指出：流入或流出一个节点的电流代数和为 0（$\Sigma I=0$）。也就是说，流出节点的电流等于流入节点的电流（$\Sigma_{流出}=\Sigma_{流入}$）。

在实际计算时，习惯上把输入电流参考方向设定为正（+），流出电流参考方向设定为负（-）。如图 3-17 所示，I_1、I_2、I_3 流入节点 a，I_4 流出节点 a，用基尔霍夫第一定律表示为

$$I_1+I_2+I_3=I_4 \quad 或 \quad I_1+I_2+I_3-I_4=0$$

上式都称为节点电流方程，它们是同一定律的多种表达形式。

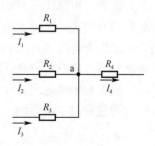

图 3-17　节点 a 处电流的流入与流出

3. 基尔霍夫第二定律（KVL 定律）

基尔霍夫第二定律又称为基尔霍夫电压定律。

在任意一个闭合回路中，沿回路绕行一周，各段电压降的代数和恒等于零。这就是基尔霍夫第二定律（KVL 定律），又称回路电压定律。用公式表示为

$$\sum U=0$$

图 3-18 所示为某复杂电路中的一个闭合回路，各支路电流方向如图所示。

当从 a 点出发，按图 3-18 中回路绕行方向沿回路绕行一周再回到 a 点时，利用分段法得

$$U_{aa}=U_{ac}+U_{cd}+U_{db}+U_{ba}$$
$$=(V_a-V_c)+(V_c-V_d)+(V_d-V_b)+(V_b-V_a)=0$$

上式表明，在图 3-18 所示的闭合回路中，沿回路绕行一周，各段电压降的代数和恒等于零。

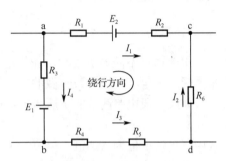

图 3-18　某复杂电路中的一个闭合回路

在图 3-19 中，若设定的电流参考方向如图中所示，电压为关联参考方向，则各段电压分别为

$$U_{ac}=I_1R_1+E_2+I_1R_2$$
$$U_{cd}=-I_2R_6$$
$$U_{db}=-I_3R_5-I_3R_4$$
$$U_{ba}=-E_1-I_4R_3$$

代入 KVL 定律的公式得

$$(I_1R_1+E_2+I_1R_2)+(-I_2R_6)+(-I_3R_5-I_3R_4)+(-E_1-I_4R_3)=0$$

注意：在列回路电压方程时，必须注意各电动势的方向，此时电动势的方向由电压的实际方向确定。

技巧：电压参考方向与绕行方向一致者为正，与绕行方向相反者为负。

对初学者开始一下子看不明白时，可以在图中一一标明各元件的极性，待熟练后可以省略这一步。将图 3-18 中各元件的极性进行标注，如图 3-19 所示。

基尔霍夫第二定律适用于任何闭合回路，也可以推广应用于任意不闭合的假想回路。

图 3-20 所示为含有电源的某支路，表面看起来是断开的，但可以把它假想成回路，同样可以用基尔霍夫第二定律列出回路电压方程。

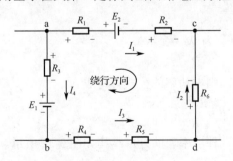

图 3-19　标注各元件的极性

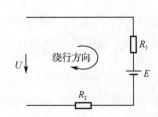

图 3-20　任意不闭合的假想回路

根据图 3-20 中所标的电压、电流方向及回路绕行方向，可得

$$-U+IR_1+E+IR_2=0$$

即

$$U=+IR_1+E+IR_2$$

3.3.3 电功和电功率

1. 电功

电流通过不同的负载时，能将电能转化成不同形式的能量，而能量的转化必须通过做功来实现。把电流通过负载时做的功，称为电功或电能，用符号 W 表示。

如果一段电路两端的电压为 U，电路中的电流为 I，则在时间 t 内电流所做的电功为

$$W=IUt$$

式中，电流单位为 A，电压单位为 V，时间单位为 s，则电功单位为 J（焦耳）。

在实际应用中，电功还有一个常用单位是千瓦时，用 kW·h 表示，俗称度（电）。

$$1 度（电）=1 千瓦时=1kW·h=3.6×10^6 J$$

即一个 1kW 的用电器工作 1 小时所消耗的电能为 1 度（电）。

电能用电能表（瓦时计、电度表）来进行测量。几种电能表的外形结构如图 3-21 所示。

图 3-21   电能表的外形结构

2. 电功率

为表征电流做功的快慢程度，引入了电功率这一物理量。电流在单位时间内所做的功称为电功率，用 P 表示，公式如下：

$$P = \frac{W}{t}$$

式中，电功单位为 J，时间单位为 s，则电功率单位为 W（瓦特）。

将 $W=IUt$ 代入上式可得 $P=IU$。

对于纯电阻电路，电能可以完全转化为热能，则电功率的公式可写成

$$P = IU = I^2R = \frac{U^2}{R}$$

电功率常用功率表（瓦特表）来进行测量。几种功率表的外形结构如图 3-22 所示。

图 3-22　功率表的外形结构

3.3.4　右手定则

电流周围存在磁场的现象称为电流的磁效应（俗称"动电生磁"）。如果是直流电通过，导体周围的磁场就只有一个方向，顺时针方向或逆时针方向；而交流电所产生磁场的方向是随着电子流动方向的改变而改变的。

法国物理学家安培确定了电流产生的磁场方向的判断方法，称为右手螺旋定则。

用右手握住载流直导体，大拇指指向电流方向，则弯曲四指所指的方向就是磁感应线（又称磁力线）的方向，如图 3-23 所示。可见，直线电流磁场的磁力线是一些以导线上各点为圆心的同心圆，这些同心圆都在与导线垂直的平面上。

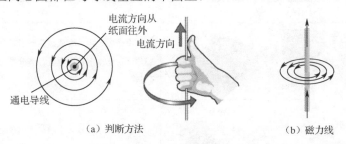

（a）判断方法　　　　　　（b）磁力线

图 3-23　直线电流的磁场

应用这个法则，只要知道磁力线方向或电流方向其中之一，另一个也就确定了。

通电线圈也会产生磁场。实验证明通电螺线管磁场的磁力线与条形磁铁的磁力线类似，是一些穿过螺线管横截面的闭合曲线，如图 3-24（a）所示。通电螺线管的磁场同样适用右手螺旋定则判断。用右手握住通电螺线管，弯曲的四指指向电流方向，则大拇指所指的方向即为磁场的北极（N 极），如图 3-24（b）所示。

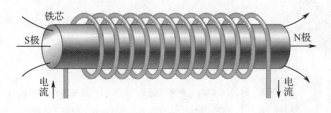
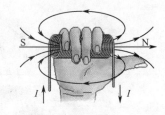

（a）通电螺线管的磁力线　　　　　　（b）右手螺旋定则

图 3-24　通电螺线管的磁场

第  章

电子元器件的识别

4.1 电阻的识别

4.1.1 通孔电阻的识别

通孔电阻是插件电阻的俗称。部分通孔电阻的外形、结构及特点见表 4-1。

表 4-1 部分通孔电阻的外形、结构及特点

种 类	外 形	特 点
固定电阻		常有碳膜电阻、合成碳膜电阻、金属膜电阻、金属氧化膜电阻、化学沉积膜电阻、玻璃釉膜电阻、金属氮化膜电阻等
电位器		合成碳膜电位器，它的电阻体是用经过研磨的炭黑、石墨、石英等材料涂敷于基体表面而做成的，该工艺简单，是目前应用最广泛的电位器
微调电阻		它一般有 3 个引脚，由 2 个定片引脚和 1 个动片引脚组成。通过这个可变动片，可改变电阻的电阻值
线绕电阻		线绕电阻是用高阻合金线绕在绝缘骨架上制成的，外面涂有耐热的釉绝缘层或绝缘漆
水泥电阻		水泥电阻是采用陶瓷、矿质材料封装的电阻器件，其特点是功率大，电阻值小，具有良好的阻燃、防爆特性
排电阻		排电阻是厚膜网络电阻，通过在陶瓷基片上丝网印刷形成电极和电阻，并印有玻璃保护层。有坚硬的钢夹接线柱，用环氧树脂包封，适用于密集度高的电路装配

续表

种 类	外 形	特 点
带开关电位器		带开关电位器是将开关与电位器合为一体，通常用在需要对电源进行开关控制及音量调节的电路中

在电路原理图中，固定电阻通常用"R"表示，可变电阻用"W"表示，排电阻通常用"RN"表示。电阻的图形符号如图4-1所示。

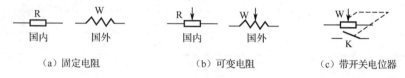

（a）固定电阻　　　　　（b）可变电阻　　　　　（c）带开关电位器

图4-1　电阻的图形符号

在电路原理图和印制电路板图中，电阻的标号形式为"数字+R+数字"，如2R6表示第2单元电路中的第6个电阻。当单元电路较少时，可采取"R+数字"来表示，如R_8表示第8个电阻。

4.1.2　电阻的主要参数

1. 标称阻值

标称阻值通常是指电阻体表面上标注的电阻值，简称阻值。根据国家标准，常用的标称电阻值系列见表4-2。E24、E12和E6系列也适用于电位器和电容器。

表4-2　标称电阻值系列

系　列	允 许 误 差	阻 值 系 列
E24	±5%	1.0，1.1，1.2，1.3，1.5，1.6，1.8，2.0，2.2，2.4，2.7，3.0，3.3，3.9，4.3，4.7，5.1，5.6，6.2，6.8，7.5，8.2，9.1
E12	±10%	1.0，1.2，1.5，1.8，2.2，2.7，3.3，3.9，4.7，5.6，6.8，8.2
E6	±20%	1.0，1.5，2.2，3.3，4.7，6.8

一般标称电阻值为表中数值再乘以10^n，其中n为正整数或负整数，单位为欧（Ω）。

2. 额定功率

电阻在电路中长时间连续工作而不损坏，或不显著改变其性能所允许消耗的最大功率称为电阻的额定功率。不同功率电阻的电路图符号如图4-2所示。

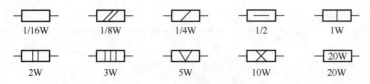

图 4-2　不同功率电阻的电路图符号

3. 允许误差等级

电阻的允许误差等级见表 4-3。

表 4-3　电阻的误差等级

允许误差（％）	±0.001	±0.002	±0.005	±0.01	±0.02	±0.05	±0.1
等级符号	E	X	Y	H	U	W	B
允许误差（％）	±0.2	±0.5	±1	±2	±5	±10	±20
等级符号	C	D	F	G	J（I）	K（II）	M（III）

4.1.3　电阻阻值表示方法

电阻阻值表示方法主要有以下 4 种。

图 4-3　电阻直标法

1. 直标法

直标法就是将电阻的阻值用数字和文字符号直接标在电阻体上。其允许误差则用百分数表示，未标误差的电阻为 ±20％ 的允许误差。电阻直标法如图 4-3 所示。

2. 文字符号法

文字符号法就是将电阻的标称值和误差用数字和文字符号按一定的规律组合标识在电阻体上。电阻文字符号法如图 4-4 所示。

例如，1R5 表示 1.5Ω，2k7 表示 2.7kΩ。

3. 色标法

色标法是将电阻的类别及主要技术参数的数值用颜色（色环或色点）标注在它的外表面上。色标电阻（色环电阻）可分为四环、五环标法。四环电阻各色环含义如图 4-5 所示。

图 4-4　电阻文字符号法　　　　　　图 4-5　四环电阻各色环含义

快速识别色环电阻的要点是熟记色环所代表的数字含义，为方便记忆，给出色环代表的数值顺口溜如下：

四环电阻的色环表示标称值（2 位有效数字）及精度。例如，色环为棕绿橙金表示 $15×10^3\Omega=15\mathrm{k}\Omega\pm5\%$ 的电阻。

五环电阻的色环表示标称值（3 位有效数字）及精度。如图 4-6 所示，色环为红红黑棕金表示 $220×10^1\Omega=2.2\mathrm{k}\Omega\pm5\%$ 的电阻。

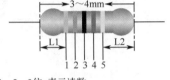

第1，2，3位 表示读数
第　4　位 表示幂次方
第　5　位 表示误差

例：色环分别为：红 红 黑 棕 金

$$R= ②②⓪ × 10^1 ± 5\% \ \Omega \ \ 1/6\mathrm{W} \ (\mathrm{RN})$$

图 4-6 五环电阻的识读

4. 数码表示法

数码表示法常用于贴片电阻、排阻等。可参看贴片电阻的有关内容。

数码表示法是在电阻体的表面用 3 位数字或两位数字加 R 来表示标称值。例如，标注为"103"的电阻，其阻值为 $10×10^3=10\mathrm{k}\Omega$；标注为"472"的电阻，其阻值为 $47×10^2=4.7\mathrm{k}\Omega$。需要注意的是，要将这种标注法与直标法区别开，如标注为 220 的电阻器，其阻值是 22Ω，只有标注为 221 的电阻器，其阻值才为 220Ω。

4.1.4 贴片电阻的识别

贴片电阻又称表面安装电阻，它是把很薄的碳膜或金属合金涂覆到陶瓷基底上，电子元件和电路板的连接直接通过金属封装端面，不需引脚，主要有矩形和圆柱形两种。贴片电阻的外形最大特点是两端为银白色，中间大部分为黑色。贴片电阻的外形结构及特点如图 4-7 所示。

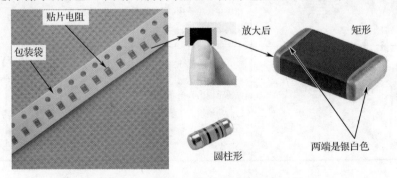

图 4-7 贴片电阻的外形结构及特点

贴片电位器是一种无手动旋转轴的超小型直线式电位器，调节时需借助工具。贴片电位器的外形结构及特点如图4-8所示。

符号图

贴片微调电阻 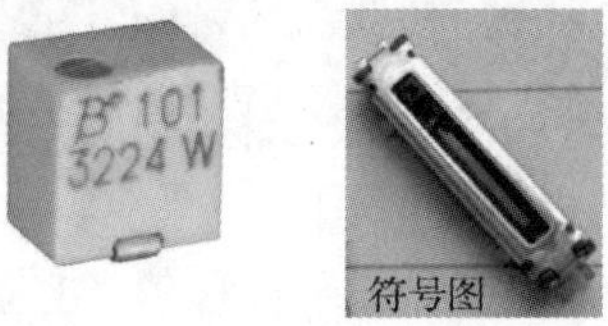　　　　　　　　　　　　　贴片电位器

图4-8　贴片电位器的外形结构及特点

4.1.5　几种特殊电阻的识别

部分特殊电阻的外形、特点、电路符号见表4-4。

表4-4　部分特殊电阻的外形、特点、电路符号

种类	外　形	特　点	电路符号
热敏电阻	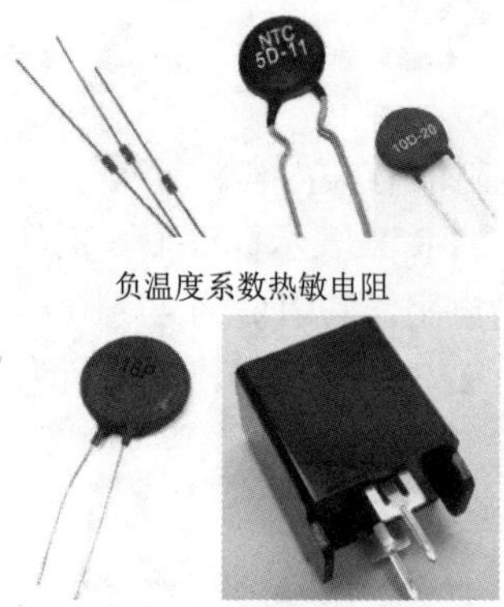 负温度系数热敏电阻	热敏电阻有正温度系数（PTC）热敏电阻和负温度系数（NTC）热敏电阻两种。正温度系数热敏电阻是一种具有温度敏感性的电阻，一旦温度超过一定数值（居里温度），其电阻值随温度的升高而呈阶跃式的增大。负温度系数热敏电阻的电阻值随温度的升高而降低	热敏电阻在电路中用字母符号"RT"或"R"表示，电路符号如下： 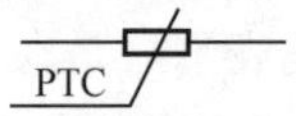 PTC 正温度系数热敏电阻 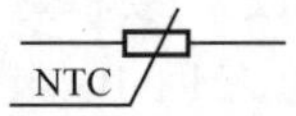 NTC 负温度系数热敏电阻
光敏电阻	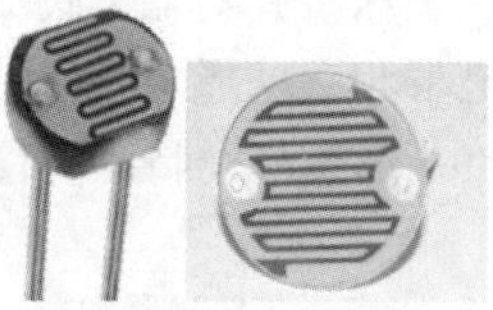	光敏电阻入射光强，电阻值减小，入射光弱，电阻值增大。光敏电阻一般用于光的测量、光的控制和光电转换（将光的变化转换为电的变化）	光敏电阻在电路中用字母"RL""RG"或"R"表示，电路符号如下： 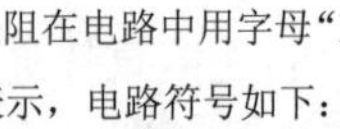
压敏电阻		压敏电阻是一种在某一特定电压范围内其电导随电压的增加而急剧增大的敏感元件，主要用于电路稳压和过压保护	在电路中用字母"RV"或"R"表示，在电路原理图中电路符号如下： 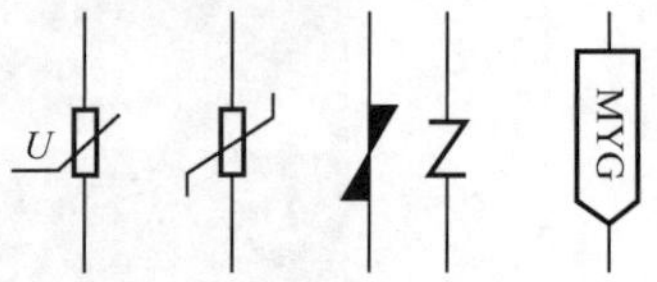 U　　　　Z　MYG

续表

种类	外　形	特　点	电路符号
气敏电阻		气敏电阻是利用气体的吸附而使半导体本身的电导率发生变化这一原理将检测到的气体的成分和浓度转换为电信号的电阻	气敏电阻在电路中常用字母"RQ"或"R"表示，电路符号如下： A–B：检测极 F–f：灯丝（加热极）
湿敏电阻		湿敏电阻是利用湿敏材料吸收空气中的水分而导致本身电阻值发生变化这一原理而制成的电阻	湿敏电阻在电路中的文字符号用字母"RS"或"R"表示，电路符号如下：
磁敏电阻		磁敏电阻是利用半导体的磁阻效应制造的电阻，常用InSb（锑化铟）材料加工而成	磁敏电阻在电路中常用符号"RC"或"R"表示，电路符号如下：
保险电阻		保险电阻又叫安全电阻或熔断电阻，是一种兼电阻和熔断器双重作用的功能元件。在正常情况下，保险电阻与普通电阻一样，而一旦电路出现异常，电阻层便会迅速剥落熔断，从而保护电路中其他的元件免遭损坏，并防止故障范围的扩大	保险电阻在电路中的文字符号用字母"RF"或"R"表示。电路符号如下： RF 国内 国外
力敏电阻		力敏电阻是一种阻值随压力变化而变化的电阻,国外称为压电电阻器。可制成各种力矩计、半导体话筒、压力传感器等	力敏电阻在电路中常用符号"RL"或"R"表示，电路符号如下：

4.2 电容的识别

4.2.1 通孔电容的识别

1. 通孔固定电容外形的识别

部分通孔固定电容的外形、特点见表 4-5。

表 4-5 部分通孔固定电容的外形、特点

种　类	外　形	特　点
纸介电容		纸介电容属于无极性、有机介质电容，一般是用两条金属箔作为电极，中间用电容纸隔开重叠卷绕而成，不宜在频率较高的电路中使用。 　纸介油浸电容（CZJ）电容体积较大，容量也较大，一般为铁壳密封式封装，耐压值较大。 　金属化纸介电容（CB）外壳为塑料壳，耐压值较高，通常≥400V
磁介电容（CC）		磁介电容属于无极性、无机介质电容，以陶瓷材料为介质制作的电容。磁介电容体积小、耐热性好、绝缘电阻高、稳定性较好，主要用于高频信号耦合、振荡、变频机高频退耦电路
涤纶电容（CL）		涤纶电容属于无极性、有机介质电容，以涤纶薄膜为介质，金属箔或金属化薄膜为电极制成的电容。涤纶电容体积小、容量大、成本较低，绝缘性能好、耐热、耐压和耐潮湿的性能都很好，但稳定性较差，适用于稳定性要求不高的电路。主要用于要求不高的低频信号传输和旁路等电路中
玻璃釉电容		玻璃釉电容属于无极性、无机介质电容，使用的介质一般是玻璃釉粉压制的薄片，通过调整釉粉的比例，可以得到不同性能的电容。玻璃釉电容介电系数大、耐高温、抗潮湿强、损耗低
云母电容（CY）		云母电容属于无极性、无机介质电容，以云母为介质，损耗小、绝缘电阻大、温度系数小、容量精度高、频率特性好等优点，但成本较高、容量小，适用于高频线路

续表

种 类	外 形	特 点
薄膜电容		薄膜电容属于无极性、有机介质电容。薄膜电容是以金属箔或金属化薄膜当电极，以聚乙酯、聚丙烯、聚苯乙烯或聚碳酸酯等塑料薄膜为介质制成的。薄膜电容具有体积小、容量大、稳定性比较好、绝缘阻抗大、频率特性优异（频率响应宽广）等特点，而且介质损失很小。薄膜电容广泛使用在模拟信号的交连、电源噪声的旁路、谐振等电路中
铝电解电容（CD）		铝电解电容属于有极性电容，以铝箔为正极，铝箔表面的氧化铝为介质，电解质为负极制成的电容。铝电解电容体积大、容量大，与无极性电容相比绝缘电阻低、漏电流大、频率特性差、容量与损耗会随周围环境和时间的变化而变化，特别是在温度过低或过高的情况下，且长时间不用还会失效。铝电解电容仅限于低频、低压电路
钽电解电容（CTA）		钽电解电容是用特殊烧结工艺法将金属钽变为电解质，内部无电解液。这类电容具有热稳定性好（可工作在-40℃～70℃温度环境中）、频率特性值高、损耗小、寿命长的特性。有圆筒形、水滴形、贴片型等多种外形。常用于低频振荡、信号传输电路，在计算机主板上大量使用
聚苯乙烯电容		聚苯乙烯电容属于无极性、有机介质电容，以聚苯乙烯薄膜为介质，金属箔或金属化薄膜为电极制成的电容。聚苯乙烯电容成本低、损耗小、精度高、绝缘电阻大、温度系数小、耐低温、高频特性较差，充电后的电荷量能保持较长时间不变

2. 通孔可调电容外形的识别

部分通孔可调电容的外形、特点见表4-6。

表4-6　部分通孔可调电容的外形、特点

种 类	外 形	特 点
单联可变电容		单联可变电容由两组平行的铜或铝金属片组成，一组是固定的（定片），另一组固定在转轴上，是可以转动的（动片）。动片随转轴转动时，可旋转进入定片的空隙内，两个极板的相对面积发生变化，电容的电容量也随之变化

续表

种　类	外　形	特　点
双联可变电容	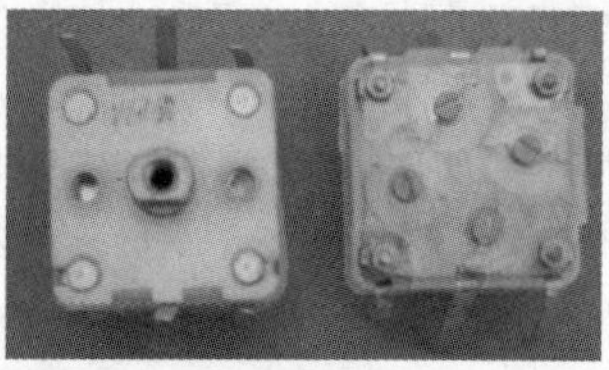	双联可变电容是由两个单联可变电容组合而成，有两组定片和两组动片，动片连接在同一转轴上。调节时，两个可变电容的电容量同步调节
空气可变电容	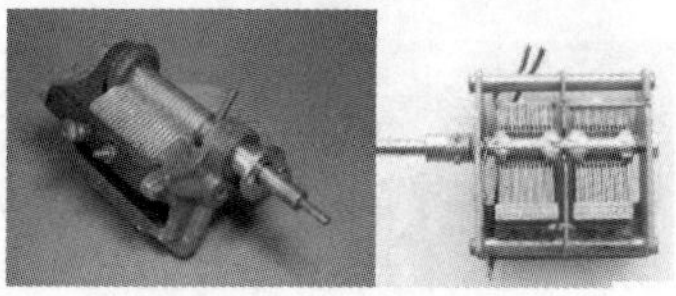	空气可变电容的定片和动片之间电介质是空气。特点是制作方便、成本低、绝缘电阻大、损耗小、稳定性好、高频特性好、静电噪声小、体积较大等
微调电容		微调电容又称半可调电容，电容量可在小范围内调节

4.2.2　贴片电容的识别

部分贴片电容的外形、特点见表4-7。

表4-7　部分贴片电容的外形、特点

种　类	外　形	特　点
贴片式陶瓷电容		贴片式陶瓷电容内部为由多层陶瓷组成的介质层，为防止电极材料在焊接时受到侵蚀，两端头外电极由多层金属结构组成
贴片式铝电解电容	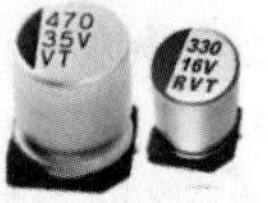	贴片式铝电解电容是由阳极铝箔、阴极铝箔和衬垫村卷绕而成
贴片式钽电解电容		贴片式钽电解电容有矩形的，也有圆柱形的，封装形式有裸片形、塑封型和端帽型3种，以塑封型为主。它的尺寸比贴片式铝电解电容小，并且性能好，如漏电小、负温性能好、等效串联电阻小、高频性能优良等
贴片式微调电容		贴片式微调电容的电容量可在小范围内调节

普通贴片电容的两端一般是银白色，中间为褐色，如图 4-9 所示。贴片电容多为灰色、黄色、青灰色（电解电容也有用红色的），最常见的就是比纸板箱浅一点的黄色，有的贴片电容上面没有印字，主要是其经过高温烧结而成，无法在它表面印字的工艺决定的（贴片电阻是丝印而成，有一定的印刷标记）。

贴片电容中只有贴片钽电容是黑色的，并且贴片钽电容一般用在精密电器上。

4.2.3 极性电容识别

1. 通孔式有极性电容的识别

图 4-9 普通贴片电容

通孔式有极性电容一般为铝电解电容和钽电解电容，其识别方法如下。

通孔式有极性电容引线较长的为正极，若引线无法判别，则根据标记判别，铝电解电容标记负号一边的引线为负极，钽电解电容正极引线有标记，如图 4-10 所示。

标记 长引脚的是正极

图 4-10 通孔式有极性电容的极性

2. 贴片有极性电容的识别

贴片电解电容一般是钽贴片电容，钽贴片电容一般是黄色方形的。贴片式有极性钽电解电容的顶面有一条黑色线或白色线，是正极性标记，顶面上还有电容容量代码和耐压值，其外形结构如图 4-11 所示。

贴片式有极性铝电解电容的顶面有一个黑色标志，是负极性标记，顶面还有电容容量和耐压值。铝贴片电容一般是圆形银白色的。贴片式有极性铝电解电容外形结构如图 4-12 所示。

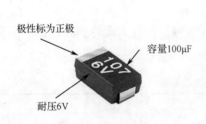

极性标为正极 容量100μF

耐压6V

图 4-11 贴片有极性钽电解电容的识别

极性标记负极

图 4-12 贴片式有极性铝电解电容外形结构

4.2.4 电容符号的识别

在电路原理图中电容用字母"C"表示，常用电容在电路原理图中的符号如图 4-13 所示。

电容量大小的基本单位是法拉（F），简称法。常用单位还有毫法（mF）、微法（μF）、纳法（nF）、皮法（pF），它们的换算关系如下：

$$1F=10^{-3}mF=10^{-6}\mu F=10^{-9}nF=10^{-12}pF$$

(a) 普通电容   (b) 电解电容   (c) 可变电容   (d) 微调电容   (e) 双联可变电容

图 4-13   电容的符号

在电路原理图和印制电路板图中，电容的标号形式与电阻类似。

4.2.5   电容的主要参数

1. 标称电容量

电容的标称容量指标示在电容表面的电容量。固定式电容器标称容量系列和容许误差见表 4-8。

表 4-8   固定式电容器标称容量系列和容许误差

系列代号	E24	E12	E6
容许误差	±5%（I）或（J）	±10%（II）或（K）	±20%（III）或（M）
标称容量对应值	10，11，12，13，15，16，18，20，22，24，27，30，33，36，39，43，47，51，56，62，68，75，82，90	10，12，15，18，22，27，33，39，47，56，68，82	10，15，22，23，47，68

注：标称电容量为表中数值或表中数值再乘以 10^n，其中 n 为正整数或负整数，单位为 pF。

2. 耐压

电容的耐压是指在允许环境温度范围内，电容长期安全工作所能承受的最大电压。

常用固定电容的直流工作电压系列为 6.3V、10V、16V、25V、40V、63V、100V、250V、400V、500V、630V、1000V 等。

3. 允许误差等级

电容的允许误差等级是电容的标称容量与实际电容量的最大允许偏差范围。常见的电容允许误差等级有 7 个，见表 4-9。

表 4-9   电容允许误差等级

容许误差	±2%	±5%	±10%	±20%	+20% −30%	+50% −20%	+100% −10%
级别	0.2	I	II	III	IV	V	VI

4.2.6   电容表示方法

常用电容的标示方法有下列五种。

1. 直标法

直标法是将电容的标称容量、耐压及偏差直接标在电容体上，如 4700μF 25V；

0.22μF±10%；220MFD（220μF）±0.5%。若是零点零几，常把整数位的"0"省去，如.01μF
表示 0.01μF。电容直标法示例如图 4-14 所示。

图 4-14　电容直标法示例

2. 数字表示法

数字表示法是只标数字不标单位的直接表示法。采用此种方法的仅限于单位为 pF 和μF
两种，一般无极性电容默认单位为pF，电解电容默认单位为μF。如电容体上标注"47""5100"
"0.01"分别表示 47pF、5100pF、0.01μF；电解电容如标注"47""220"，则分别表示 47μF 和
220μF。

3. 数码表示法

数码表示法一般用 3 位数字来表示容量的大小，单位为 pF。其中前两位为有效数字，后
一位表示倍率，即乘以 10^i，i 为第三位数字，若第三位数字 9，则乘 10^{-1}。例如，223J 代表
$22×10^3$pF=22000pF=0.022μF，允许误差为±5%；又如，479K 代表 $47×10^{-1}$pF，允许误差为±5%
的电容。这种表示方法，瓷片电容最为常见。电容数码表示法示例如图 4-15 所示。

图 4-15　电容数码表示法示例

4. 色码表示法

色码表示法与电阻器的色环表示法类似，颜色涂于电容器的一端或从顶端向引线排列。
色码一般只有 3 种颜色，前两环为有效数字，第三环为倍乘，容量单位为 pF。有时色环较宽，
例如，红红橙，两个红色环涂成一个宽的，表示 22000pF。

5. 字母数字混合表示法

字母数字混合表示法用 2~4 位数字和 1 个字母表示标称容量，其中，数字表示有效数值，
字母表示数值的单位。有时字母既表示单位也表示小数点。例如：
47n=$47×10^{-3}$μF=0.047μF；5n9=5.9nF=5900pF。

4.3　电感的识别

4.3.1　电感线圈的识别

部分电感线圈的外形、特点见表4-10。

表4-10　部分电感线圈的外形、特点

种　类	外　形	特　点
小型固定电感线圈		小型固定电感线圈是将线圈绕制在软磁铁氧体的基础上,然后用环氧树脂或塑料封装起来而制成。小型固定电感线圈外形结构主要有立式和卧式两种。小型固定电感线圈的电感量较小,一般为0.1～100μH,工作频率为10kHz～200MHz。其特点是体积小、质量小、结构牢固和安装方便
空心线圈		空心线圈是用导线直接绕制在骨架上而制成的。线圈内没有磁芯或铁芯,通常线圈绕的匝数较少,电感量小。常用在高频电路中,如电视机的高频调谐器
低频扼流圈		低频扼流圈又称滤波线圈,一般由铁芯和绕组等构成。低频扼流圈常与电容组成电源滤波电路,以滤除整流后残存的交流成分,通常使用硅钢片或铁芯为磁芯,体积和质量较大
高频扼流圈		高频扼流圈用在高频电路中,主要阻碍高频信号的通过。在电路中,高频扼流圈常与电容串联组成滤波电路,起到分开高频和低频信号的作用。电感量较小,一般为2.5～10mH,通常使用铁氧体为磁芯
可变电感线圈		可变电感线圈通过调节磁芯在线圈内的位置来改变电感量
贴片电感		与贴片电阻、电容不同的是,贴片电感的外观形状多种多样,有的贴片电感很大,从外观上很容易判断,有的贴片电感的外观形状和贴片电阻、贴片电容相似,很难判断,此时只能借助万用表来判断

4.3.2 电感符号的识别

在电路原理图中，电感常用符号"L"或"T"表示，不同类型的电感在电路原理图中通常采用不同的符号来表示，如图 4-16 所示。

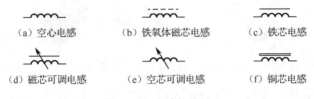

  （a）空心电感   （b）铁氧体磁芯电感   （c）铁芯电感

  （d）磁芯可调电感 （e）空芯可调电感 （f）铜芯电感

图 4-16 电感的符号

电感工作能力的大小用"电感量"来表示，表示产生感应电动势的能力。电感量的基本单位是亨利（H），简称亨，其他常用单位还有毫亨（mH）、微亨（μH）和纳亨（nH）。它们之间的换算关系为 $1H=10^3 mH=10^6 \mu H=10^9 nH$。

在电路原理图和印制电路板图中，电感的标号与电阻相似。

4.3.3 电感的主要参数

电感的主要技术指标如下。

1. 电感量

电感量表示电感线圈工作能力的大小。

2. 品质因数 Q

电感的品质因数 Q 是线圈质量的一个重要参数，它表示在某一工作频率下，线圈的感抗对其等效直流电阻的比值。Q 值反应线圈损耗的大小，Q 值越高损耗功率越小，电路效率越高。

3. 额定电流

额定电流是线圈中允许通过的最大电流。

4.3.4 电感的表示方法

1. 直标法

直标法是将电感的标称电感量用数字和文字符号直接标在电感体上，电感量单位后面的字母表示偏差。电感的直标法示例如图 4-17 所示。

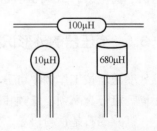

2. 文字符号法

文字符号法是将电感的标称值和偏差值用数字和文字符

图 4-17 电感的直标法示例

号按一定的规律组合标示在电感体上。采用文字符号法表示的电感通常是一些小功率电感，单位通常为 nH 或 μH。用 μH 做单位时，"R"表示小数点；用"nH"做单位时，"N"表示小数点。电感的文字符号法示例如图 4-18 所示。

图 4-18　电感的文字符号法示例

例如，R91 表示电感量为 0.91μH；4R7 则表示电感量为 4.7μH；10N 表示电感量为 10nH。

3. 色标法

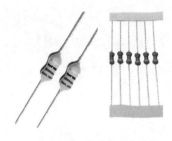

图 4-19　电感的色标法示例

色标法是在电感表面涂上不同的色环来代表电感量（与电阻类似），通常用 3 个或 4 个色环表示。识别色环时，紧靠电感体一端的色环为第一环，露出电感体本色较多的另一端为末环。注意：用这种方法读出的色环电感量，默认单位为微亨（μH）。电感的色标法示例如图 4-19 所示。

4. 数码表示法

数码表示法是用 3 位数字来表示电感量的方法，常用于贴片电感上。

3 位数字中，从左至右的第一、第二位为有效数字，第三位数字表示有效数字后面所加"0"的个数。电感的数码表示法示例如图 4-20 所示。

图 4-20　电感的数码表示法

注意：用这种方法读出的色环电感量，默认单位为微亨（μH）。如果电感量中有小数点，则用"R"表示，并占一位有效数字。例如，标示为"330"的电感为 $33×10^0=33μH$，标示为"101"的电感为 $10×10=100μH$。

4.3.5　变压器的外形识别

变压器按工作频率可分为高频变压器、中频变压器和低频变压器。变压器按磁芯材料的不同，可分为高频、低频和整体磁芯 3 种。

高频磁芯是铁粉磁芯，这种磁芯主要用于高频变压器，它具有高导磁率的特性，使用频率一般为 1～200kHz。低频磁芯是硅钢片，磁通密度一般为 6000～16000 特斯拉（T），硅钢片主要用于低频变压器；根据硅钢片的形状不同可分为 EI（壳型、日字形）、UI、口字形、"C"形。硅钢片的形状如图 4-21 所示。

　　整体磁芯分为 3 种类型：环形磁芯（T CORE）、棒状铁芯（R CORE）、鼓形铁芯（DR CORE），这 3 种磁芯的外形如图 4-22 所示。

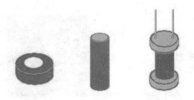

图 4-21　硅钢片的形状　　　　　　　图 4-22　整体磁芯的外形

　　部分电感线圈的外形、特点见表 4-11。

表 4-11　部分电感线圈的外形、特点

种　类	外　形	特　点
电源变压器		电源变压器的作用是将 50Hz、220V 交流电压升高或降低，变成所需的各种交流电压。按其变换电压的形式，可分为升压变压器、降压变压器和隔离变压器等；按其形状构造，可分为长方体或环形（俗称环牛）等
中频变压器		中频变压器俗称中周，是超外差式收音机和电视机中的重要组件。中周的磁芯是用具有高频或低频特性的磁性材料制成的，低频磁芯用于调幅收音机，高频磁芯用于电视机和调频收音机
高频变压器		高频变压器可分为耦合线圈和调谐线圈两大类。耦合线圈的主要作用是连接两部分电路的信号传输，即前级信号通过它送至后级电路；调谐线圈与电容可组成串、并联谐振回路，用于选频电路等。天线线圈、振荡线圈等是高频线圈。开关电源变压器由于工作频率通常在几万赫兹，也属于高频变压器
脉冲变压器		脉冲变压器用于各种脉冲电路中，其工作电压、电流等均为非正弦脉冲波。常用的脉冲变压器有电视机的行输出变压器、行推动变压器、开关变压器、电子点火器的脉冲变压器、臭氧发生器的脉冲变压器等

续表

种　类	外　形	特　点
自耦变压器		自耦变压器的绕组为有抽头的一组线圈，其输入端和输出端之间有电的直接联系，不能隔离为两个独立部分
隔离变压器		隔离变压器是具有"安全隔离"作用的1∶1电源变压器，常用作家电的维修设备

4.3.6 变压器符号的识别

在电路原理图中，变压器通常用字母"T"表示，常见变压器在电路原理图中的符号如图 4-23 所示。

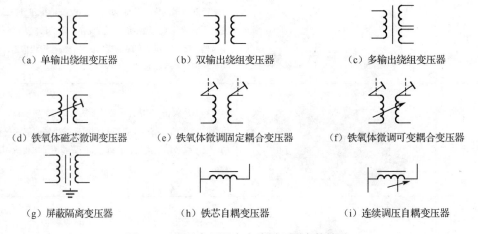

　　（a）单输出绕组变压器　　　　（b）双输出绕组变压器　　　　（c）多输出绕组变压器

　（d）铁氧体磁芯微调变压器　（e）铁氧体微调固定耦合变压器　（f）铁氧体微调可变耦合变压器

　　（g）屏蔽隔离变压器　　　　　（h）铁芯自耦变压器　　　　　（i）连续调压自耦变压器

图 4-23　常见变压器在电路原理图中的符号

4.3.7 变压器的主要参数

变压器的主要技术指标较多，常用的有变压比、额定功率、效率及空载电流等。

1. 变压比

变压比是变压器初级电压（或阻抗）与次级电压（或阻抗）的比值。通常变压比直接标出电压变换值，如 220V/10V；变阻比则以比值表示，如 3∶1 表示初级与次级的阻抗比为 3∶1。

2. 额定功率

额定功率是变压器在指定频率和电压下能长期连续工作，而不超过规定温升时次级输出的功率，用伏安表示，习惯称为瓦或千瓦。电子产品中的变压器功率一般只有数百瓦。

3. 效率

效率是指输出功率与输入功率之比。一般变压器的效率与设计参数、材料、制造工艺及功率有关。通常 20W 以下的变压器的效率为 70%～80%，而 100W 以上变压器的效率可达 95%以上。

4. 空载电流

变压器在工作电压下次级空载或开路时，初级线圈流过的电流称为空载电流。一般不超过额定电流的 10%，设计、制作良好的变压器空载电流可小于 5%。空载电流大的变压器损耗大、效率低。

4.4　晶体管的识别

4.4.1　二极管的识别

根据不同用途，一般情况下，二极管主要包括整流二极管、检波二极管、开关二极管、稳压二极管和双向触发二极管等。

1. 整流二极管

整流二极管是将交流电转变（整流）成脉动直流电的二极管。整流二极管是利用二极管的单向导电性工作的。整流二极管的外壳封装常采用金属壳封装、塑料封装和玻璃封装 3 种形式。通常情况下，一般正向工作电流大的整流二极管采用金属壳封装，而采用塑料和玻璃封装的二极管的正向电流较小。整流二极管的外形及符号图（图中一般不标示正极和负极）如图 4-24 所示。

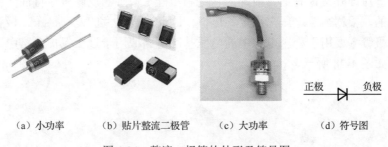

（a）小功率　　（b）贴片整流二极管　　（c）大功率　　（d）符号图

图 4-24　整流二极管的外形及符号图

普通二极管极性的识别（见图 4-25）：小功率二极管的负极通常在表面用一个色环标出；金属封装二极管的螺母部分通常为负极引线。

图 4-25　普通二极管极性的识别

2. 检波二极管

检波二极管是用于把叠加在高频载波上的低频信号检出来的器件，具有较高的检波效率和良好的频率特性。检波二极管的封装多采用玻璃结构，以保证良好的高频特性。检波二极管的外形如图 4-26 所示。

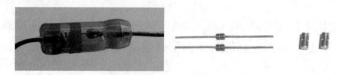

图 4-26　检波二极管的外形

3. 开关二极管

开关二极管的特点是导通/截止速度快，能满足高频和超高频电路的需求，常用于脉冲数字电路、自动控制电路等。开关二极管的外形如图 4-27 所示。

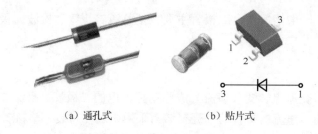

（a）通孔式　　　　　　　　（b）贴片式

图 4-27　开关二极管的外形

4. 稳压二极管

稳压二极管在国外又称齐纳二极管，它是利用硅二极管的反向击穿特性（雪崩现象）来稳定直流电压的，根据击穿电压来决定稳压值，因此，需注意的是，稳压二极管是加反向电压的。稳压二极管主要用于稳压电源中的电压基准电路或用于过压保护电路中。稳压二极管的外形及符号如图 4-28 所示。

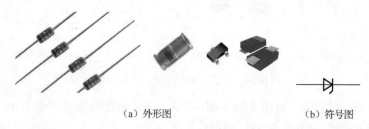

（a）外形图　　　　　　　　（b）符号图

图 4-28　稳压二极管的外形图及符号图

5. 双向触发二极管

双向触发二极管是一种硅双向电压触发开关器件，当双向触发二极管两端施加的电压超过其击穿电压时，两端即导通，导通将持续到电流中断或降到器件的最小保持电流后再次关断。双向触发二极管的外形及符号如图 4-29 所示。

(a) 外形图　　　　　　　　　　　(b) 符号图

图 4-29　双向触发二极管的外形及符号

4.4.2　发光二极管的识别

1. 可见发光二极管

可见发光二极管发光时，是以电磁波辐射形式向远方发射的。其发光波长为 630～780nm 的为红光；发光波长为 555～590nm 的为黄光；发光波长为 495～555nm 的为绿光。可见发光二极管的外形及符号如图 4-30 所示。

(a) 外形图　　　　　　　　　　　(b) 符号图

图 4-30　可见发光二极管的外形及符号图

2. 不可见发光二极管

不可见发光二极管就是红外线发光二极管，其发光波长为 940nm，人眼无法见到这样的光，常称之为发射二极管或红外线发射二极管，一般用于遥控发射器中。不可见发光二极管的外形及符号如图 4-31 所示。

3. 双色发光二极管

双色发光二极管是将两种颜色的发光二极管制作在一起组成，常见的有红绿双色发光二极管。它的内部结构有两种连接方式：一是共阳极或共阴极（即正极或负极连接为公共端），二是正负连接形式（即一只二极管正极与另一只二极管负极连接）。共阴极或共阳极双色二极管有 3 只引脚，正负连接式双色二极管有两只引脚。双色二极管可以发单色光，也可以发混合色光，即红、绿管都亮时，发黄色光。双色发光二极管的外形及符号如图 4-32 所示。

(a) 外形图　　　(b) 符号图

图 4-31　不可见发光二极管的
外形及符号图

发光二极管极性识别方法：发光二极管通常用引脚长短来标识正、负极，长脚为正极，短脚为负极；仔细观察发光二极管，可以发现内部的两个电极一大一小，一般电极较小，个头较矮的一个是发光二极管的正极，电极较大的一个是负极，负极一边带缺口。发光二极管极性识别如图 4-33 所示。

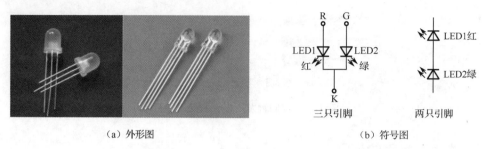

(a) 外形图   (b) 符号图

图 4-32 双色发光二极管的外形及符号图

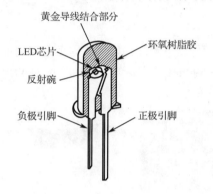

图 4-33 发光二极管极性识别

4.4.3 二极管的主要技术指标

1. 额定正向工作电流

额定正向工作电流是指二极管长期连续工作时允许通过的最大正向电流值。因为电流通过二极管时会使管芯发热，温度上升，温度超过最大允许值时，就会使管芯发热而损坏。所以，二极管使用中不要超过其额定正向工作电流值。

2. 反向击穿电压

在二极管上加反向电压时，反向电流会很小。当反向电压增大到某一数值时，反向电流将突然增大，这种现象称为击穿。二极管反向击穿时，反向电流会剧增，此时二极管就失去了单向导电性。使二极管产生击穿时的电压称为反向击穿电压。

3. 最高反向工作电压 U_R

最高反向工作电压是保证二极管不被击穿而给出的反向峰值电压。加在二极管两端的反向电压增加到一定值时，会将二极管击穿，失去单向导电能力。为了保证二极管的安全使用，规定了最高反向工作电压。

4. 最大浪涌电流 I_F

最大浪涌电流是二极管允许流过的最大正向电流。最大浪涌电流不是二极管正常工作时的电流，而是瞬间电流，通常大约为额定正向工作电流的 20 倍。

5. 最高工作频率 f_M

最高工作频率是指二极管在正常工作条件下的最高频率。如果加给二极管的信号频率高于该频率，二极管将不能正常工作，它的大小通常与二极管的 PN 结面积有关，PN 结面积越大，f_M 越低，故点接触型二极管的 f_M 较高，而面接触型二极管的 f_M 较低。

4.4.4 三极管的识别

三极管的种类较多，按三极管制造的材料来分，有硅管和锗管两种；按三极管的内部结构来分，有 NPN 和 PNP 两种；按三极管的工作频率来分，有低频管、高频管和超频管三种；按三极管允许的耗散功率来分，有小功率管、中功率管和大功率管。

1. 小功率三极管

小功率三极管的外形如图 4-34 所示。在通常情况下，把集电极最大允许耗散功率 P_{CM} 在 1W 以下的三极管称为小功率三极管。

（a）金属封装　　　　　　　　　　（b）塑料封装

图 4-34　小功率三极管的外形

2. 中功率三极管

中功率三极管的外形如图 4-35 所示。通常情况下，集电极最大允许耗散功率 P_{CM} 为 1～10W 的三极管称为中功率三极管。

（a）金属封装　　　　　　　　　　（b）塑料封装

图 4-35　中功率三极管的外形

3. 大功率三极管

集电极最大允许耗散功率 P_{CM} 在 10W 以上的三极管称为大功率三极管，其外形如图 4-36 所示。由于大功率三极管耗散功率较大，工作时往往会引起芯片内温度过高，所以，要设置散热片，根据这一特征可以判别一只三极管是否为大功率三极管。

（a）金属封装　　　　　　　　　　（b）塑料封装

图 4-36　大功率三极管的外形

4. 贴片三极管

采用表面贴装技术（Surface Mounted Technology，SMT）的三极管称为贴片三极管。

贴片三极管的封装形式很多。一般来讲，封装尺寸小的都是小功率三极管，封装尺寸大的多为中功率三极管。一般贴片三极管很少有大功率管。贴片三极管有 2 个引脚的，也有 3 个引脚的，还有 4～6 个引脚的，其中，2 引脚的为小功率普通三极管，4 引脚的为双栅场效应管或高频三极管，而 5～6 引脚的为组合三极管。贴片三极管的外形如图 4-37 所示。在 4 个引脚的三极管中，比较大的一个引脚是集电极，两个相通引脚是发射极，余下的一个引脚是基极。

图 4-37　贴片三极管的外形

三极管在电路中常用字母"Q""V"或"VT"加数字表示，电路原理图中三极管的电路符号如图 4-38 所示。

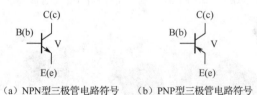

（a）NPN型三极管电路符号　　　（b）PNP型三极管电路符号

图 4-38　三极管的电路符号

第 5 章

常用基本技能和工艺

5.1 导线绝缘层的剥离方法

5.1.1 剥线钳剥线

为连接导线线芯，导线线头的绝缘层必须剥削除去，电工必须会用剥线钳来剥削绝缘层。剥线钳的使用方法如下。

（1）根据缆线的粗细型号，选择相应的剥线刀口，如图 5-1（a）所示。

（2）将准备好的电缆放在剥线工具的刀刃中间，确定好要剥线的长度，如图 5-1（b）所示。

（3）握住剥线工具手柄，将电缆夹住，缓缓用力使电缆外表皮慢慢剥落，如图 5-1（c）所示。

（4）松开工具手柄，取出电缆线，这时电缆金属部分整齐地露在外面，其余绝缘塑料完好无损。

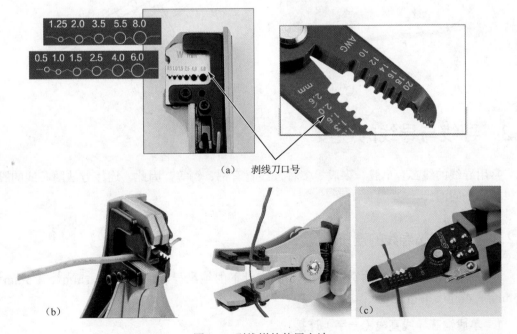

（a） 剥线刀口号

（b）

（c）

图 5-1 剥线钳的使用方法

5.1.2　电工刀剥线

线芯截面积大于 4mm^2 的塑料硬线，可用电工刀来剥离绝缘层，其具体操作步骤与方法如下。

（1）根据所需的长度用电工刀以 45°角切入塑料绝缘层，如图 5-2（a）所示。

（2）接着刀面与线芯保持 15°～25°角，用力向线端推削，但不要切入到线芯，削去上面一层塑料绝缘层。

（3）将下面塑料层向后扳翻，如图 5-2（b）所示，并用电工刀齐根切去。

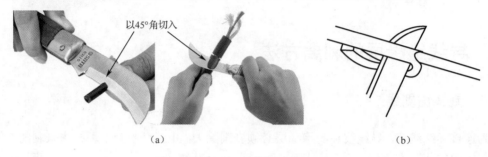

（a）　　　　　　　　　　　　　　　　　　（b）

图 5-2　电工刀剥离塑料硬线绝缘层

塑料护套线的绝缘层用电工刀剥离步骤与方法如下。

（1）按所需长度用电工刀刀尖对准线芯缝隙，划开护套线，如图 5-3（a）所示。

（2）向后扳翻护套线，用刀齐根切去，如图 5-3（b）所示。

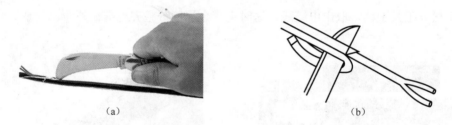

（a）　　　　　　　　　　　　　　　　　　（b）

图 5-3　塑料护套线绝缘层的剥离

5.2　导线与导线的连接

常用导线的线芯有单股、多股等多种，线材有铝、铜等，因此，连接方法随芯线的股数及线材的不同而异。

5.2.1　单股铜芯导线的连接

单股铜芯导线是指线的截面积在 6mm^2 以下的绝缘导线，主要有 1mm^2、1.5mm^2、2.5mm^2、4mm^2、6mm^2 等。

1. 单股铜芯导线直线（一字）连接

单股直线连接要求缠绕 5～7 圈，如图 5-4 所示。

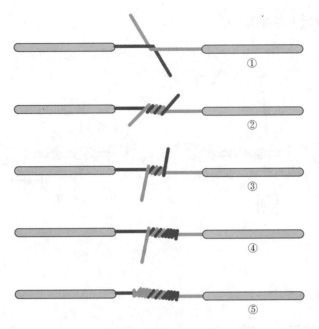

图 5-4　单股直线连接

2．单股铜芯导线分支（T字）连接

分支连接有背扣和不背扣两种。不背扣分支连接如图 5-5 所示，将支路线芯的线头与干线十字相交，使支路线芯根部留出 3～5mm，然后按顺时针方向缠绕支路线芯，缠绕 6～8 圈。用钢丝钳切去余下的线芯，并钳平线芯末端。

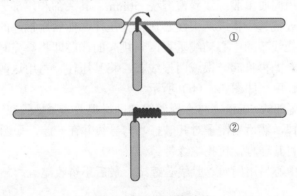

图 5-5　不背扣分支连接

背扣分支连接如图 5-6 所示，将线芯按图 5-6 所示的方法环绕成结状，然后将支路线芯线头抽紧扳直，向左紧密地缠绕6～8圈，剪去多余线芯，钳平切口的毛刺。

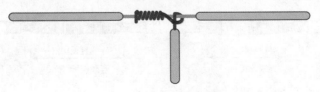

图 5-6　背扣分支连接

3. 单股铜芯导线十字接头连接

单股导线十字接头常用于分支线较多的情况。可将接头切剥掉 100～150mm，缠绕 7～10 圈，紧密缠绕，接触要求可靠，如图 5-7 所示。

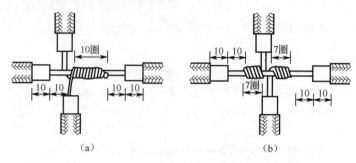

（a）　　　　　　　　　　（b）

图 5-7　单股铜芯导线十字接头连接

5.2.2　多股导线的连接

1. 多股导线一字形接头连接

（1）先将绝缘层剥离，然后把两根导线的端头散开成伞状，散开长度一般为 200～400mm，同时用钳子叼住撑直每股导线。

（2）两伞交叉在一起后两边合拢并用钳子敲打，使其紧紧结合在一起且根根理顺，如图 5-8（a）所示。

（3）在交叉中点用同质单股裸线紧密缠绕 50mm，其头部和尾部分别与两边合拢的线芯紧密结合，并从结合处挑起一根或两根线芯，将其压住，然后用挑起的线芯紧密地缠绕合拢的线芯，缠绕圈与合拢线芯的中心轴线垂直，当挑起的线芯即将缠完时，将其尾部与合拢线芯紧密结合，并从结合处再挑起一根或两根线芯，将其压住，再用这两根线芯去缠绕，重复上述动作以达到连接长度，如图 5-8（b）所示。

（4）缠绕线芯的尾部约 50mm，与合拢的线芯同样根数紧紧地绞在一起 30～40mm，即小辫收尾，多余部分剪掉，然后用钳子对其敲打，与导线并在一起，如图 5-8（c）所示。

（5）修正接头，将其理直，包扎绝缘带。

（6）也可从交叉中心另用同质单股线芯缠绕，最后小辫收尾。

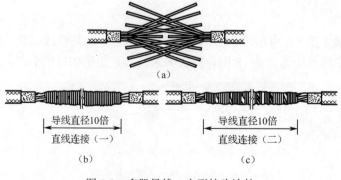

（a）

导线直径10倍
直线连接（一）

（b）

导线直径10倍
直线连接（二）

（c）

图 5-8　多股导线一字形接头连接

2. 多股导线 T 字形接头的连接

多股导线 T 字形接头的连接如图 5-9 所示。

（1）先将绝缘层剥掉 200～400mm 并拉直，将总线分支点的绝缘层也剥掉 200～250mm。

（2）将导线线芯分成两部分，并从原导线有绝缘层处分成 T 字形，然后将其与分支点挨在一起。

（3）从中点开始向两边分别用上述一字形缠法将其与总线缠绕，小辫收尾，或用同质单股线芯（线径应大于或等于多股线中每股的线径）绑线缠绕，先把绑线成圈状，将端头拉直，与挨在一起的线芯一端对齐并将其合拢到另一端，从这里拐一直角与合拢线芯垂直后向端头方向紧紧缠绕，并将自身也一同缠绕在里边，线圈与之垂直，一直绕到末端，最后在自身的端头小辫收尾（这叫作绑线法）。

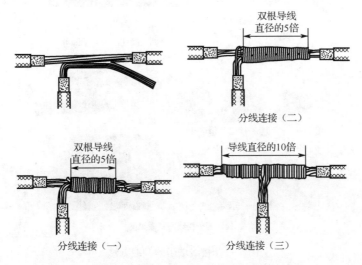

图 5-9　多股导线 T 字形接头的连接

5.3　导线与接线端子的连接

接线端子的结构形式比较多，如图 5-10 所示。

图 5-10　接线端子的结构形式

接线端子的连接方法都是较为简单、快速的，接线端子的接线方法如图 5-11 所示。

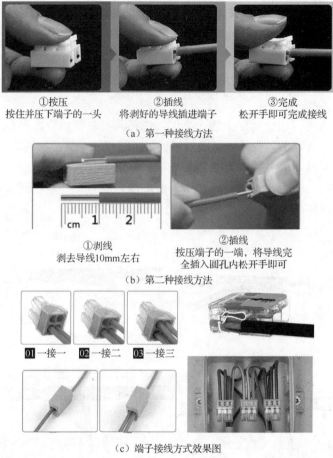

①按压
按住并压下端子的一头

②插线
将剥好的导线插进端子

③完成
松开手即可完成接线

（a）第一种接线方法

①剥线
剥去导线10mm左右

②插线
按压端子的一端，将导线完全插入圆孔内松开手即可

（b）第二种接线方法

01 一接一　02 一接二　03 一接三

（c）端子接线方式效果图

图 5-11　接线端子的接线方法

5.4　导线连接后的绝缘处理

5.4.1　用专用绝缘带包扎

用专用绝缘带包扎如图 5-12 所示。普通用电场合，可只用单股黑胶布包扎 2～3 层；或用黄蜡布包扎内层，用黑胶布包扎外层。在潮湿用电场合，应再包一层电工塑料胶带。在包扎过程中，各圈之间不可叠得过疏、过密，更不允许有线芯露出。

5.4.2　压线帽包扎

压线帽是近年来新兴的线材之一，在电工配线工程中得到了大量的使用。压线帽分为铜导线压线帽和铝导线压线帽两种，按形状分有奶嘴式（见图 5-13）和弹簧旋转式等，如图 5-13 所示。

铜导线压线帽分为黄、白、红 3 种颜色，分别适用于线的截面积为 1.0～4.0mm^2 的 2～4 条导线的连接。铝导线压线帽分为铝、蓝两种，分别适用于线的截面积为 2.5mm^2 和 4.0mm^2 的 2～4 条导线的连接。

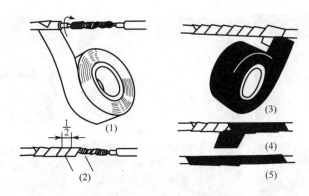

图 5-12　用专用绝缘带包扎

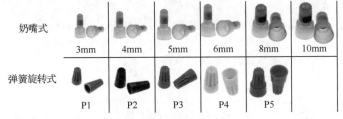

（a）压线帽结构形状　　　　　　　（b）压线帽内部材料

图 5-13　压线帽结构形状

压线帽的包扎工艺如图 5-14 所示。

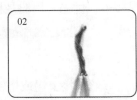

准备好压线钳、剥线钳、导　　将两根导线拧成一段　　将需要压接的压线帽放进压线
线和压线帽等材料　　　　　　　　　　　　　　　　钳中并稍用力固定压线帽

将导线放进压线帽并用力压接　　完成效果图

图 5-14　压线帽的包扎工艺

5.5　电烙铁焊接和拆焊工艺

5.5.1　电烙铁的正确使用

电烙铁的正确使用步骤如图 5-15 所示。

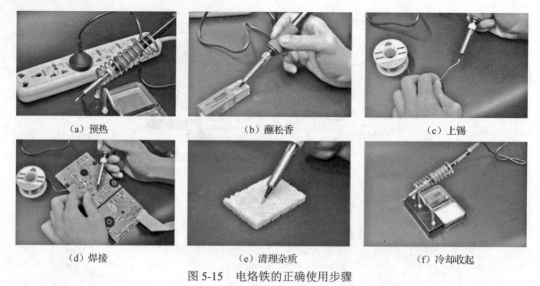

（a）预热	（b）蘸松香	（c）上锡
（d）焊接	（e）清理杂质	（f）冷却收起

图 5-15　电烙铁的正确使用步骤

1. 预热

预热就是焊接前要给电烙铁提前通电，使之达到焊接时的温度。这个温度一定要适当，如果温度过高，容易使锡点流淌，就是行业中说的"不蘸锡"；如果温度过低，不容易化开锡。

2. 蘸松香

松香是焊接的助焊剂，在电路焊接中，优先采用的是松香，一般不使用酸性助焊剂，因为酸性助焊剂对电路有腐蚀作用。

3. 上锡

上锡就是给烙铁头吃上锡，可以用锡丝直接上锡或烙铁头从烙铁架的锡槽上锡。

4. 焊接

焊接时焊点的大小应根据元件引脚的粗细或焊盘的大小来决定。焊接时可以二次或多次补焊，但一定要注意，焊盘受热过度会损坏。

5. 清理杂质

不必每次焊接前就清理杂质，使用过程中有杂质时可清理一次，也可以在使用完毕时清理。

6. 冷却收起

电烙铁使用完毕后，应放置在烙铁架上进行冷却，以防止烫坏物品或引起火灾。

5.5.2　导线的焊接工艺

1. 剥线

1）剥线钳剥线

根据导线的粗细型号，选择相应的剥线刀口，确定好要剥线的长度并进行剥线，如图 5-16 所示。

2）通电的电烙铁剥线

用通电的电烙铁头对着需要剥离的导线进行划剥，另一只手同时转动导线，把导线划出一道槽，最后用手剥离导线，如图 5-17 所示。

导线若原来已经剥离了，最好剪掉原来的，因为原来的往往已经有污垢或氧化了，不容易吃锡。

图 5-16　剥线钳剥线

用手转动导线

图 5-17　通电的电烙铁剥线

2. 导线吃锡（镀锡）

导线吃锡示意图如图 5-18 所示。吃锡后的导线头若有些过长，可适当剪除一些。

导线先进行吃锡，是为了方便以后的焊接。剥离的导线头可以放在松香盒中或直接拿在手中吃锡。

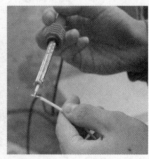

图 5-18　导线吃锡示意图

3. 导线的焊接

导线头对准所要焊接的部位，一般采用带锡焊接法进行焊接。

焊接完成后，手不要急于脱离导线，待焊点完全冷却后，手再撤离，这样做是为了防止接头出现虚焊。导线的焊接示意图如图 5-19 所示。

5.5.3　元件的焊接工艺

元件的手工焊接方法包括送锡法和带锡法两种。

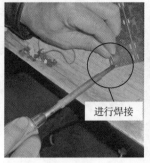

图 5-19　导线的焊接示意图

1. 送锡法

送锡法，就是右手握持电烙铁，左手持一段焊锡丝进行焊接的方法。送锡法的焊接过程通常分成五个步骤，简称"五步法"，送锡法的方法与步骤如图 5-20 所示。

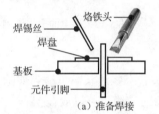

（a）准备焊接

准备阶段应观察烙铁头吃锡是否良好，焊接温度是否达到，插装元器件是否到位，同时要准备好焊锡丝

右手握持电烙铁，烙铁头先蘸取少量松香，将烙铁头对准焊点（焊件）进行加热。加热焊件就是将烙铁头给元器件引脚和焊盘"同时"加热，并要尽可能加大与被焊件的接触面，以提高加热效率，缩短加热时间，保护铜箔不被烫坏

（b）加热焊件

（c）熔化焊料

当焊件的温度升高到接近烙铁头温度时，左手持焊锡丝快速送到烙铁头的端面或被焊件和铜箔的交界面上，送锡量的多少，根据焊点的大小灵活掌握

适量送锡后，左手迅速撤离，这时烙铁头还未脱离焊点，随后熔化后的焊锡从烙铁头上流下，浸润整个焊点。当焊点上的焊锡已将焊点浸湿时，要及时撤离焊锡丝，不要让焊盘出现"堆锡"现象

（d）移开焊料

（e）移开电烙铁

送锡后，右手的烙铁就要做好撤离的准备。撤离前若锡量少，再次送锡补焊；若锡量多，撤离时烙铁要带走少许。烙铁头移开的方向以45°为最佳

图 5-20　送锡法的方法与步骤

（f）焊接示意图

图 5-20 送锡法的方法与步骤（续）

2. 带锡法

带锡法示意图如图 5-21 所示。

（1）烙铁头上先蘸适量的锡珠，将烙铁头对准焊点（焊件）进行加热。

（2）当铁头上熔化后的焊锡流下时，浸润到整个焊点时，烙铁迅速撤离。

（3）带锡珠的大小，要根据焊点的大小灵活掌握。焊后若焊点小，再次补焊；若焊点大，用烙铁带走少许。

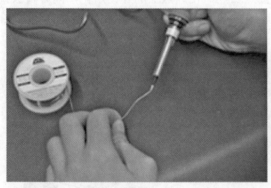

（a）烙铁头蘸锡 　　　　　　（b）进行焊接

图 5-21 带锡法示意图

5.5.4 电烙铁拆焊工艺

常见的拆焊工具——吸锡器，有以下几种：空心针头、金属编织网、手动吸锡器、电热吸锡器、电动吸锡枪、双用吸锡电烙铁等几种。

1. 空心针头

空心针头一般由不锈钢制作，不粘锡，其直径为 0.8～2mm，共 8 种，其直径分别为 0.8mm、1.0 mm、1.2 mm、1.4 mm、1.6 mm、1.8 mm、2.0 mm 等，用于电子元件的电路拆卸、隔离焊接等场合，而且携带方便。

使用时，要根据元器件引脚的粗细选用合适的空心针头，将针孔插入元器件引脚，用烙铁加热，稍微旋转即可使元件引脚与线路板铜箔彻底分离。空心针头拆焊操作方法如图 5-22 所示。

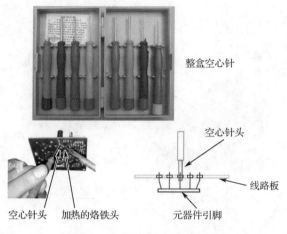

图 5-22　空心针头拆焊操作方法

2. 吸锡器

手动吸锡器的外形结构如图 5-23（a）所示，手动吸锡器使用方法如图 5-23（b）所示。

手动吸锡器的里面有一个弹簧，使用时，先把吸锡器末端的滑杆压入，直至听到"咔"声，表明吸锡器已被固定，再用烙铁对接点加热，使焊点上的焊锡熔化，同时将吸锡器嘴靠近焊点，按下吸锡器上面的按钮即可将焊锡吸上。若一次未吸干净，可重复上述步骤。

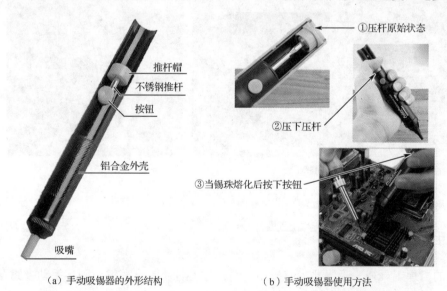

（a）手动吸锡器的外形结构　　　　（b）手动吸锡器使用方法

图 5-23　手动吸锡器

第6章

常用低压电器元件的应用

6.1 低压电器概述

6.1.1 低压电器的特点

电器是一种能根据外界的信号和要求，手动或自动接通或断开电路，实现对电路或非电对象的切换、控制、保护、检测和调节的元器件或设备。

根据工作电压的高低，电器可分为高压电器和低压电器。工作在交流额定电压1200V及以下、直流额定电压1500V及以下的电器称为低压电器。低压电器作为一种基本器件，广泛应用于输配电系统和电力拖动系统中，在实际生产中起着非常重要的作用。

电力拖动是指用电动机拖动生产机械的工作机构，使之运转的一种方法。像车床、磨床和钻床上工作机构的运转几乎都是由电动机带动的，这就称为电力拖动。

电力拖动一般由4个部分组成：电源、控制设备、电动机和传动机构。

6.1.2 低压电器的分类

低压电器的种类繁多，分类方法也很多。低压电器按不同的分类方式有不同的类型，常见的分类方法见表6-1。

表 6-1 低压电器的分类

分 类 方 法	类 别	说明及用途
按用途分类	配电电器	主要用于低压配电系统及动力设备中，包括低压开关、低压熔断器等
	控制电器	主要用于电力拖动及自动控制系统中，包括接触器、继电器、电磁铁、电阻器、主令电器等
按操作方式分类	自动电器	指通过电磁或气动机构动作来完成接通、分断、启动和停止等动作的电器，主要包括接触器、继电器、断路器等
	手动电器	主要依靠外力（如手控）直接操作来进行切换的电器，主要包括按钮、刀开关、转换开关等
按执行机构分类	有触点电器	具有可分离的动触点和静触点，主要利用触点的接触和分离来实现电路的接通和断开控制，如接触器、继电器等
	无触点电器	没有可分离的触点，主要利用半导体元器件的开关效应来实现电路的通断控制，如接近开关、固态继电器等

续表

分类方法	类　别	说明及用途
按工作原理分类	电磁式	电磁式的感测元件接收的是电流或电压等电信号
	非电量控制电器	这类电器的感测元件接收的信号是热量、温度、转速、机械力等非电信号
按使用类别分类	AC-1	用于无感或低感负载、电阻炉等
	AC-2	用于绕线转子异步电动机的启动、分断等
	AC-3	用于笼型异步电动机的启动、分断等
	AC-4	用于笼型异步电动机的启动、反接制动或反向运转、点动等
按工作条件分类	一般工业电器	这类电器用于机械制造等正常环境条件下的配电系统和电力拖动控制系统，是低压电器的基础产品
	化工电器	主要技术要求是耐腐蚀
	矿用电器	主要技术要求是能防爆
	牵引电器	主要技术要求是耐振动和冲击
	船用电器	主要技术要求是耐腐蚀、冲击和颠簸
	航空电器	主要技术要求是体积小、质量小，耐冲击和振动

6.1.3　低压电器的组成

低压电器产品主要有刀开关和转换开关、熔断器、断路器、控制器、接触器、启动器、控制继电器、主令电器、电阻器、变阻器、调整器、电磁铁等。

低压电器产品型号组成形式及含义如图 6-1 所示。低压电器产品型号类组代号见表 6-2。

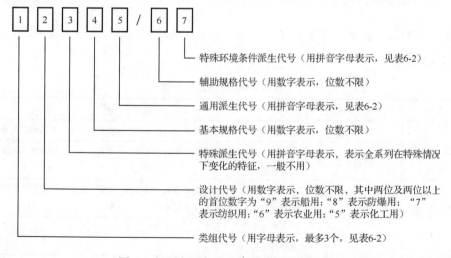

图 6-1　低压电器产品型号组成形式及含义

表 6-2　低压电器产品型号类组代号

代号	名称	A	B	C	D	G	H	J	K	L	M	P	Q	R	S	T	U	W	X	Y	Z
H	刀开关和转换开关				刀开关		封闭式负荷开关		开启式负荷开关					熔断器式刀开关	刀形转换开关					其他	组合开关
R	熔断器			插入式			汇流排式			螺旋式	密闭式				快速	有填料管式			限流	其他	
D	断路器									照明	灭磁				快速			框架式①	限流	其他	塑料外壳式②
K	控制器					鼓式						平面				凸轮				其他	
C	接触器					高压		交流				中频				时间				其他	直流
Q	启动器	按钮式		磁力				减压								手动	油浸		星三角	其他	综合
J	控制继电器									电流				热	时间	通用		温度		其他	中间
L	主令电器		按钮						主令控制器						主令开关	足踏开关	旋钮	万能转换开关	行程开关	其他	
Z	电阻器		板形元件	冲片式		管形元件									烧结油浸	铸铁元件		电阻器		其他	
B	变阻器			旋臂式						励磁		频敏	启动	石墨	启动调速	油浸启动	液体启动		滑线式	其他	
T	调整器				电压																
M	电磁铁											牵引						起重			制动
A	其他		保护器	插销	灯	接线盒				铃											

注：①原称万能式；②原称装置式。

6.2　开关

6.2.1　刀开关

　　刀开关又称闸刀开关，也称开启式负荷开关，是一种带有动触头（触刀），在闭合位置与底座上的静触头（刀座）相契合（或分离）的一种开关。它是手动控制电路中简单且使用广泛的一种手动配电电器，用于不频繁接通或分断额定电流以内的负载，也可用来隔离电源，确保检修安全。

1. HK 系列胶盖刀开关

图 6-2 所示为胶盖刀开关的结构，主要由手柄、动触头（闸刀）、静触头和底座构成。刀开关的型号含义和图形符号如图 6-3 所示。

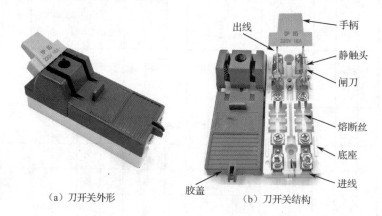

（a）刀开关外形　　　　（b）刀开关结构

图 6-2　胶盖刀开关的结构

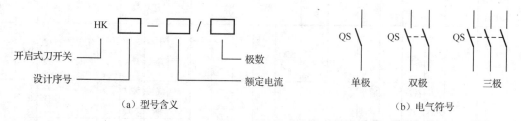

（a）型号含义　　　　（b）电气符号

图 6-3　刀开关的型号含义和图形符号

2. HS、HD 系列刀闸

HS、HD 系列刀闸外形结构如图 6-4 所示。可用于额定交流电压 500V 或直流电压 440V，额定电流 1500A 以下的工业企业配电设备中，不频繁地手动接通和切断或隔离电源。

图 6-4　HS、HD 系列刀闸外形结构

3. HH 系列封闭式负荷开关

HH 系列封闭式负荷开关外形结构如图 6-5 所示。

图 6-5　HH 系列封闭式负荷开关外形结构

HH 系列封闭式负荷开关又称铁壳开关，它主要由触头灭弧系统、管式熔断器、操作机构（闸刀开关）和外壳组成。

触头灰弧系统设有灭弧室（罩），电弧不会喷出。灭弧室由耐弧塑料压制，结构简单，便于拆装。

操作机构采用单杆抽拉式结构和弹簧储能原理。用弹簧执行开关接通分断的机能，保证开关能可靠地接通和分断，并有明显的通断标志。抽拉式操作手柄，在开关接通或分断以后，可以推入开关外壳内，开关盖壳装有连锁装置，保证在盖子打开后开关不能接通及开关接通后盖子不能打开。

封闭式负荷开关适用于各种配电设备，供手动不频繁地接通和分断负载电路，并可控制 15kW 以下交流异步电动机的不频繁直接启动和停止，具有电路保护功能。

4. 刀开关的选择

刀开关种类很多，正常情况下，刀开关一般能接通和分断额定电流，因此，对于普通负载可根据负载的额定电流来选择刀开关的额定电流。

（1）用于照明电路时，可选用额定电压 220V 或 250V，额定电流等于或大于电路最大工作电流的双极开关。

（2）用于电动机的直接启动时，可选用额定电压为 380V 或 500V，额定电流等于或大于电动机额定电流 3 倍的三极开关。

5. 刀开关的安装要点

（1）刀开关应垂直安装在开关板上，并要求静插座位于上方（即在合闸状态时，手柄应向上）。不准横装或倒装，更不允许将开关放在地上使用。

（2）电源进线应接在开关上方的静触头的进线座，接负载的出线应在开关下方的出线座，不能接反，否则，更换熔丝时易发生触电事故。

6.2.2　万能转换开关（组合开关）

组合开关又叫万能转换开关，也是一种刀开关，只不过一般刀开关的操作手柄是在垂直于其安装面的平面内向上或向下转动的，而万能转换开关的操作手柄则是在平行于安装面的平面内向左或向右转动的。

万能转换开关主要在电气设备中作为电源引入开关，也可作为电压表、电流表的换相开关，还可作为小容量电动机的启动、制动、调速及正反向转换的控制开关。

万能转换开关的外形及结构图如图 6-6 所示。

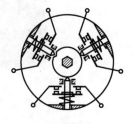

(a) 万能转换开关外形　　　　　　　　　　(b) 万能转换开关结构

图 6-6　万能转换开关的外形及结构图

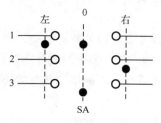

图 6-7　万能转换开关图形符号

万能转换开关的图形符号如图 6-7 所示，水平方向的数字 1～3 表示触点编号，垂直方向的数字及文字"左""0""右"表示手柄的操作位置（挡位），虚线表示手柄垂直的联动线。在不同的操作位置，各对触点的通、断状态的表示方法如下：在触点的下方与虚线相交文字有黑色圆点表示在该对应操作位置时触点接通，没有涂黑色圆点表示在该操作位置不通。开关具体型号不同，触点数目和操作挡位数目也不同。

常用的万能转换开关的型号含义如图 6-8 所示。

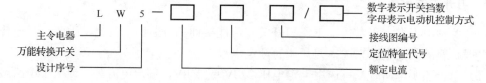

图 6-8　常用的万能转换开关的型号含义

万能转换开关的选用原则如下：

（1）万能转换开关应根据用电设备的电压等级、容量和所需触头数进行选用；

（2）用于照明或电热负载电路时，万能转换开关的额定电流等于或大于被控制电路中各负载额定电流之和；

（3）用于电动机负载，万能转换开关的额定电流一般为电动机额定电流的 1.5～2.5 倍；

万能转换开关的安装要求如下：

（1）应安装在控制箱内，其操作手柄最好在控制箱的前面或侧面；

（2）在安装时，应按照规定接线，并将万能转换开关的固定螺母拧紧。

6.2.3　行程开关

行程开关又称限位开关，属于位置开关的一种，用于控制机械设备的行程及进行终端限位保护。

在生产的机械设备中，常常需要控制某些运动部件的行程，或运动到一定行程使其停止，或在一定行程内自动返回或自动循环。这种控制机械行程的方式称为"行程控制"或"限位控制"。

根据结构形式不同，行程开关可分为直动式、单滚轮式和双滚轮式等。常见行程开关外形如图6-9所示。

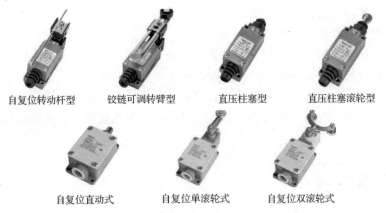

自复位转动杆型　　铰链可调转臂型　　直压柱塞型　　直压柱塞滚轮型

自复位直动式　　自复位单滚轮式　　自复位双滚轮式

图6-9　常见行程开关外形

　　行程开关由触点系统、操作结构和外壳组成，其结构如图6-10所示。当生产机械的部件碰撞滚轮时，动触点向右运动，动合触点闭合，动断触点断开。当生产机械离开滚轮时，在弹簧的作用下，动触点往右运动，动合触点恢复常开，动断触点恢复常闭。

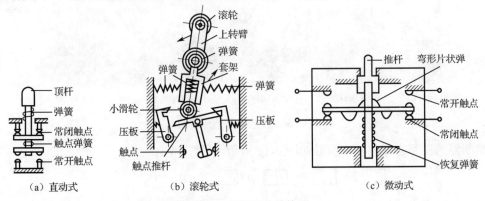

（a）直动式　　　　（b）滚轮式　　　　（c）微动式

图6-10　行程开关结构图

　　行程开关的型号含义和图形符号如图6-11所示。

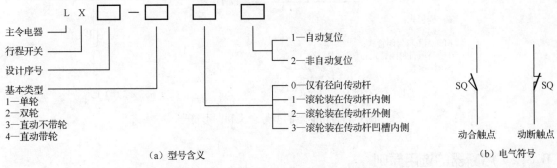

（a）型号含义　　　　　　　　　　　　　　（b）电气符号

图6-11　行程开关的型号含义和图形符号

行程开关的选用原则如下：

（1）根据应用场合及控制对象选择种类；

（2）根据机械与行程开关的传力与位移关系选择合适的操作头形式；

（3）根据控制回路的额定电压和额定电流进行选择；

（4）根据安装环境选择防护形式。

形成开关的使用注意事项如下。

（1）行程开关安装时，安装位置要准确，安装要牢固；滚轮的方向不能装反，挡铁与其碰撞的位置应符合控制线路的要求，并确保能可靠地与挡铁碰撞。

（2）行程开关在使用中，要定期检查和保养，除去油垢及粉尘，清理触点，经常检查其动作是否灵活、可靠，及时排除故障。防止因行程开关触点接触不良或接线松脱产生误动作而导致设备和人身安全事故。

6.3 低压熔断器

6.3.1 熔断器的结构和分类

熔断器由熔断管（或座）、熔断体和外加填料等组成，其外形结构如图 6-12 所示。熔断器按结构形式可分为瓷插式、螺旋式、无填料封闭管式、有填料封闭管式、快速式等。

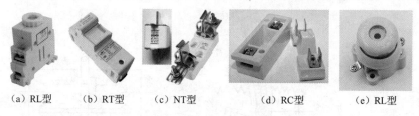

（a）RL型　　（b）RT型　　（c）NT型　　（d）RC型　　（e）RL型

图 6-12　熔断器外形结构

熔断器的型号含义和图形符号如图 6-13 所示。

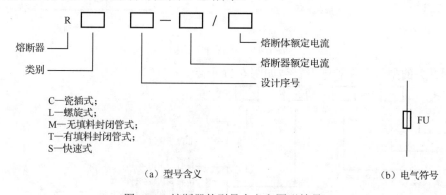

（a）型号含义　　　　　　　　　　　（b）电气符号

图 6-13　熔断器的型号含义和图形符号

6.3.2 熔断器的选用原则

熔断器的额定电压要大于或等于电路的额定电压，熔断器的额定电流要依据负载情况而选择。不同的低压熔断器所要保护的负载不同，选择熔断体电流的方法也有所不同，具体见表 6-3。

表6-3　低压熔断器熔断体选用原则

保 护 对 象	选 用 原 则
电阻性负载或照明电路	一般按负载额定电流的1～1.1倍选用熔断体的额定电流
保护单台电动机	考虑到电动机会受到启动电流的冲击，熔断体的额定电流应大于或等于电动机的电流的1.5～2.5倍。一般情况下，轻载启动或启动时间短时选用1.5倍，重载启动或启动时间较长时选2.5倍
保护多台电动机	熔断体的电流应大于或等于最大电动机额定电流的1.5～2.5倍与其余电动机额定电流之和
保护配电电路	为防止熔断器越级熔断，上、下级（供电干线、支线）熔断期间应有良好的协调配合，为此，应使上一级（供电干线）熔断器的熔断体额定电流比下一级（供电支线）大1～2个级差
有电容器	并联电容器在用熔断保护器时，熔断体额定电流：单台按电容器的电流的1.5～2.5倍，而成组装置的电容器，按电容器额定电流的1.3～1.8倍选用

6.3.3　熔断器的安装与维护

1. 熔断器的安装

（1）当无明确规定时，熔断器宜垂直安装，其倾斜度不应大于5°，上端接电源进线，下端为出线。特殊情况下需要水平安装时，左为进线，右为出线。熔断器的电源进线，不允许下进线上出线。

（2）安装时应注意使熔断器周围介质温度与被保护对象周围介质温度尽可能一致，以免保护特性产生误差。

（3）安装必须可靠，以免其中一相接触不良，出现相当于一相断路的情况，致使电动机因断相运行而烧毁。

（4）安装带有熔断指示器的熔断器时，指示器的方向应装在便于观察的位置。

（5）安装螺旋式熔断器时，熔断器的下接线板的接线端应在上方，并与电源线连接。连接金属螺纹壳体的接线端应装在下方，并与用电设备相连，有油漆标志端向外，两熔断器间的距离应留有手拧的空间，不宜过近。这样在更换时螺纹壳体上就不会带电，从而保证人身安全。

2. 熔断器的使用维护

（1）熔断体熔断后，在恢复前应检查熔断的原因，并排除故障，然后再根据线路及负荷的大小和性质更换熔断体或熔丝管。

更换熔断体时，必须选用原规格的熔断体，不得用其他规格的熔断体代替，也不能用多根熔断体代替一根较大的熔断体，更不准用细铜丝或铁丝来代替，以免发生重大事故。

（2）对于RM、RT、RL系列熔断器，其熔断体熔断后，不能用普通的RC1A系列熔断器所用的熔断体代换。

（3）磁插式熔断器因短路熔断时，发现触头烧坏再次投入前应修复，必要时予以更换。

（4）更换熔断体（或熔管）时，一定要先切断电源，将开关断开，不要带电操作，以免触电，尤其不得在负荷未断开时带电更换熔体，以免电弧烧伤。

（5）运行中如有两相断相，则在更换熔断器时应同时更换三相。因为没有熔断的那相熔断器实际上已经受到损害，如不及时更换，则很快也会断相。

（6）对于封闭管式熔断器，管子不能用其他绝缘体代替，否则容易使管子炸裂，发生人身伤害事故。

6.4 按钮

6.4.1 按钮的用途

按钮是一种用来短时接通或断开小电流电路的电器。由于按钮的触点允许通过的电流较小，通常不超过5A，一般情况下，不直接控制主电路的通断，而是在控制电路中发出手动"指令"去控制接触器、继电器等电器，再由它们去控制主电路的通断、功能转换或电气的联锁，故称为主令电器。

按钮由按钮帽、复位弹簧、桥式触点、外壳等组成。按钮通常制成具有动合触点和动断触点的复合式结构，其外形与结构如图6-14所示。

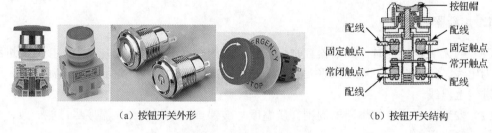

（a）按钮开关外形　　　　　　　　　　（b）按钮开关结构

图6-14　按钮外形与结构

6.4.2 按钮的分类

常见按钮有LA系列和LAY1系列。LA系列按钮的额定电压为交流500V、直流440V，额定电流为5A；LAY1系列按钮的额定电压为交流380V、直流220V，额定电流为5A。按钮帽有红、绿、黄、白等颜色，一般红色用作停止按钮，绿色用作启动按钮。按触点结构不同，可分为停止按钮（常闭按钮）、启动按钮（常开按钮）及复合按钮（常闭、常开组合为一组按钮）。根据按钮的结构形式、防护方式分，有开启式、防水式、紧急式、旋钮式、保护式、防腐式、带指示灯式和钥匙式等。

按钮的型号含义和图形符号如图6-15所示。

6.4.3 按钮的选用原则

（1）根据使用场合和具体用途选择按钮的种类。例如，嵌装在操作面板上的按钮可选用开启式；需显示工作状态的选用带指示灯式；需要防止无关人员误操作的重要场合宜用钥匙式；在有腐蚀性气体处要用防腐式。

（2）根据工作状态指示和工作情况要求，选择按钮或指示灯的颜色。例如，启动按钮可选用白、灰或黑色，优先选用白色，也可以选用绿色。急停按钮应选用红色。停止按钮可选用黑、灰或白色，优先用黑色，也可用红色。

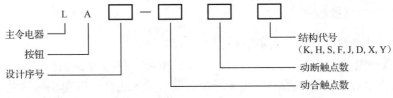

结构代号含义:
K—开启式; H—保护式; S—防水式;
F—防腐式; J—紧急式; D—带指示灯式;
X—旋钮式; Y—钥匙式

（a）型号含义

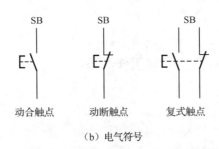

（b）电气符号

图 6-15　按钮的型号含义和图形符号

（3）根据控制回路的需要选择按钮的数量，如单联按钮、双联按钮和三联按钮等。

6.4.4　控制按钮颜色的使用规定

控制按钮颜色的使用规定见表 6-4。

表 6-4　控制按钮颜色的使用规定

按 钮 颜 色	使 用 规 定
红色	一个含义是"停止"或"断电"，另一个含义是"处理事故"
绿色	含义是"启动"或"通电"
黑、白或灰白	含义是"无特定用意"，除单功能的"停止"和"断电"按钮外的任何功能
黄色	含义是"参与"

6.4.5　按钮的安装与维护

1. 按钮的安装

（1）按钮安装在面板上时，应布局合理，排列整齐，可根据生产机械或机床启动、工作的先后顺序，从上到下或从左到右依次排列。如果它们有几种工作状态（如上、下、前、后，左、右、松、紧等），则应使每一组相反状态的按钮安装在一起。

（2）按钮应安装牢固，接线应正确。

（3）安装按钮的按钮板或盒，若采用金属材料制成的，则应与机械总接地母线相连，悬挂式按钮应有专用的接地线。

2. 按钮的使用维护

（1）应经常检查按钮，并及时清除按钮上面的灰尘。

（2）若发现按钮接触不良，应查明原因；若发现触头表面有灰尘或损伤，应及时修复或清除。

（3）带有指示灯的按钮一般不宜用于通电时间较长的场合，以免塑料件受热变形，造成难以更换灯泡。

（4）用于高温场合的按钮，因塑料受热易老化变形而导致按钮松动，为防止因接线螺钉相碰而发生短路故障，应根据情况，在安装时增设紧固圈或给接线螺钉套上绝缘管。

6.5 低压断路器

6.5.1 低压断路器的用途、结构与工作原理

1. 低压断路器的用途

低压断路器又称自动空气开关或自动空气断路器，是一种重要的控制和保护电器，主要用于交直流低压电网和电力拖动系统中，既可手动又可电动分合电路，还可以远方遥控操作。它集控制和多种保护功能于一体，既可以接通和分断正常负荷电流和过负荷电流，又可以接通和分断短路电流的开关电器。低压断路器在电路中除起控制作用外，还具有过负荷、短路、过载、欠电压、漏电保护等功能。

2. 低压断路器的结构与工作原理

低压断路器主要由触头、灭弧装置、操作机构、保护装置等组成。低压断路器的保护装置由各种脱扣器来实现，其脱扣器形式有过电流脱扣器、热脱扣器、欠电压脱扣器、分励脱扣器等。

低压断路器的外形结构如图 6-16 所示。

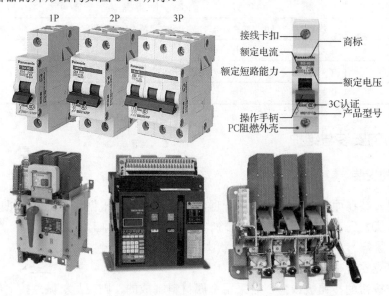

图 6-16 低压断路器的外形结构

低压断路器的工作原理简图如图 6-17 所示，工作原理如下：低压断路器的主触点依靠操动机构手动或电动合闸，主触点闭合后，锁扣和搭钩结构将主触点锁在合闸位置上。

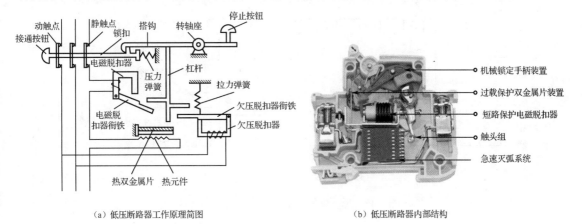

（a）低压断路器工作原理简图　　　　　　　（b）低压断路器内部结构

图 6-17　低压断路器的工作原理简图

1．过电流脱扣器

过电流脱扣器的线圈与被保护电路串联，当电路正常工作时，衔铁不能被电磁铁吸合；当线路中出现短路故障时，通过传动机构推动自由脱扣结构释放主触头。主触头在分闸弹簧的作用下分开，切断电路，起到短路保护作用。

2．热脱扣器

热脱扣器与被保护电路串联，当出现过载现象时，线路中电流增大，双金属片弯曲，通过传动机构推动自由脱扣机构释放主触头，主触头在分闸弹簧的作用下分开，切断电路，起到过载保护的作用。

3．欠电压脱扣器

欠电压脱扣器并联在断路器的电源侧，当电源侧停电或电源电压过低时，衔铁释放，通过传动机构推动自由脱扣机构使断路器掉闸，起到欠电压及零压保护作用。

6.5.2　低压断路器的分类及电气符号

1．低压断路器的分类

低压断路器的分类方式很多，按极数可分为单级式、二极式、三极式和四极式；按灭弧介质可分为空气式和真空式；按操作方式分为手动操作、电动操作和弹簧储能机械操作；按安装方式可分为固定式、插入式、抽屉式、嵌入式等；按结构形式可分为 DW15、DW16、CW 系列万能式（又称框架式）和 DZ5 系列、DZ15 系列、DZ20 系列、DZ25 系列塑壳式等。低压断路器容量范围很大，最小为 4A，最大可达 5000A。国产型号主要有 DZ、C45、NC、DPN 等系列。

2. 低压断路器的型号含义及图形符号

低压断路器的型号含义及图形符号如图 6-18 所示。

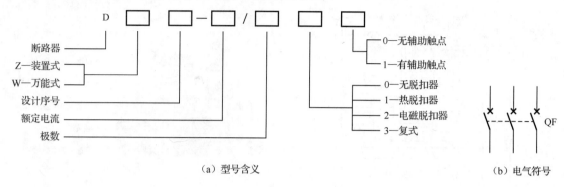

（a）型号含义　　　　　　　　　　　　　　　　　（b）电气符号

图 6-18　低压断路器的型号含义及图形符号

6.5.3　低压断路器的选择

低压断路器的选择主要考虑额定电流、额定电压和壳架等级的电流等参数。

（1）额定电流。低压断路器的额定电流应不小于被保护电路的计算负载电流，即用于保护电动机时，电压断路器的长延时电流的整定值等于电动机的电流；用于保护三相笼型异步电动机时，其瞬间整定电流等于电动机的电流的 8～15 倍，倍数与电动机的型号、容量和启动方法有关；用于保护三相线绕式异步电动机时，其瞬间整定电流等于电动机电流的 3～6 倍。

（2）额定电压。低压断路器的额定电压应不高于被保护电路的电压，即低压断路器欠压脱扣额定电压等于被保护电路的电压、低压断路器分励脱扣额定电压等于控制电源的额定电压。

（3）壳架等级的电流。低压断路器的壳架等级的电流应不小于被保护电路的计算负载电流。

（4）用于保护和控制不频繁启动电动机时，还应考虑断路器的操作条件和使用寿命。

（5）低压断路器的极限分断能力应大于线路的最大短路电流有效值。

6.5.4　低压断路器的安装与维护

1. 低压断路器的安装

低压断路器的安装要求见表 6-5。

表 6-5　低压断路器的安装要求

主 要 事 项	具 体 要 求
（1）进出线	电源进线应接于上母线，用户的负载侧出线应接于下母线，向上扳把为合闸，特殊情况下向左扳把为合闸。不允许倒着安装
（2）安装位置	底座应垂直安装于水平位置，并用螺钉固定紧，且断路器应安装平稳，不应有附加阻力
（3）外部母线	接近断路器外部母线应加以固定，以免各种机械应力传递到断路器上

续表

主 要 事 项	具 体 要 求
（4）安全距离	应考虑断路器的飞弧距离，即在灭弧罩上部应留有飞弧空间，并保证外装灭弧室至相邻电器的导电部分和接地部分的安全距离
（5）断电操作	在进行电气连接时，电路中应无电压
（6）隔弧板	不要漏装断路器附带的隔弧板，装上后方可运行，以防止切断电路时产生电弧而引起相间短路
（7）最后检查	安装完毕，应使用手柄或其他传动装置检查断路器工作的准确性和可靠性

2. 低压断路器的使用与维护

（1）断开低压断路器时，必须将手柄拉向"分"（OFF）字处，闭合时将手柄推向"合"（ON）字处。若要将自动脱扣的断路器重新闭合，应先将手柄拉向分闸，使断路器脱扣复位，然后将手柄推向合闸，断路器才可以合上闸。

（2）低压断路器在电气控制系统中若作为电源总开关或电动机的控制开关，则必须在电源进线侧安装熔断器或刀开关等，这样可有效地保护断点。

（3）装在断路器中的电磁脱扣器，用于调整牵引杆与双金属片距离的调节螺钉不得任意调整，以免影响脱扣器动作而发生事故。

（4）当断路器电磁脱扣器的整定电流与使用场所设备电流不相符时，应检验设备，重新调整后，断路器才能投入使用。

（5）应定期检查插头系统，特别是在分断短路电流后，更应检查，在检查时应注意以下三个方面：

一是断路器必须处于断开位置，进线电源必须切断；

二是用酒精擦净断路器上的划痕，清理触头毛刺；

三是当触头的合金层厚度小于 1mm 时，应更换触头。

（6）当断路器分断短路电流或长期使用后，均应清理灭弧罩两壁烟痕及金属颗粒。若采用的是陶瓷灭弧室，灭弧栅片烧损严重或灭弧罩破碎，不允许再使用，则必须立即更换，以免发生事故。

6.6　接触器

6.6.1　接触器的用途、分类及结构

1. 接触器的用途

接触器是指仅有一个起始位置，能接通、承载和分断正常电路条件（包括过载运行条件）下的电流的一种非手动操作的机械开关电器。它可用于远距离频繁地接通或断开交、直流主电路和大容量控制电路，具有动作快、控制容量大、使用安全方便、能频繁操作和远距离操作等优点，还具有欠电压与零电压保护功能，主要用于控制交、直流电动机，也可以用于控制电热装置、电容器组等设备，是电力拖动自动控制电路中使用最广泛的电器元件之一。

接触器能接通和断开负载电流，但不能切断短路电流，因此，接触器常与熔断器和热继电器等配合使用。

2. 接触器的分类

接触器的种类较多，有以下几种不同的分类方法。

（1）按其主触点控制电路中电流的种类，分为直流接触器和交流接触器，交流接触器又分为工频（50Hz 或 60Hz）和中频 400Hz 两种。

（2）按其电磁系统的励磁电流种类，分为直流励磁操作和交流励磁操作两种。

（3）按触点的极数，分为单极、双极、三极、四极、五极等。

（4）按操作方式，分为电磁接触器、启动接触器和液压接触器。

（5）按灭弧介质，分为空气式接触器、油浸式接触器和真空接触器。

（6）按有无触头，分为有触头式接触器和无触头式接触器。

目前，应用最广泛的是空气电磁式交流接触器和空气电磁式直流接触器，习惯上简称为交流接触器和直流接触器。

3. 交流接触器的基本结构

交流接触器的外形、结构及图形符号如图 6-19 所示。

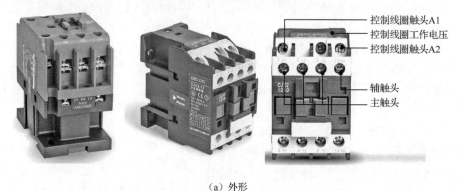

（a）外形

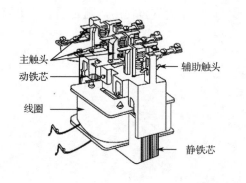

（b）结构

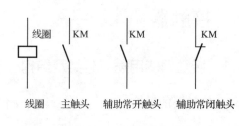

（c）图形符号

图 6-19　交流接触器的外形、结构及图形符号

交流接触器主要由电磁系统、触头系统、灭弧装置及辅助部件等组成。

（1）电磁系统。交流接触器的电磁系统主要由线圈、铁芯和衔铁三部分组成。其作用是利用电磁线圈的通电或断电，使衔铁和铁芯吸合或释放，从而带动动触头与静触头闭合或分断，达到接通或断开电路的目的。

（2）触头系统。交流接触器的触头按接触情况可分为点接触、线接触和面接触 3 种；按触头的结构形式可分为桥式和指形触头两种；按通断能力划分，可分为主触头和辅助触头。

（3）灭弧装置。交流接触器在断开大电流或高电压电路时，在动、静触头之间会产生很强的电弧。电弧的产生，一方面会灼伤触头，减少触头的使用寿命；另一方面会使电路切断时间延长，甚至造成弧光短路或引起火灾。因此，在交流接触器中要设置灭弧装置。

6.6.2 交流接触器的工作原理

交流接触器的工作原理简图如图 6-20 所示。当接触器的线圈通电后，线圈中流过的电流产生磁场，使铁芯产生吸力，克服反作用弹簧的反作用力后，将衔铁吸合，通过传动机构带动 3 对主触头和辅助常开触头闭合，辅助常闭触头断开。当接触器线圈断电或电压明显下降时，由于电磁吸力消失或过小，衔铁在反作用弹簧力的作用下复位，带动各触头恢复到原始状态。

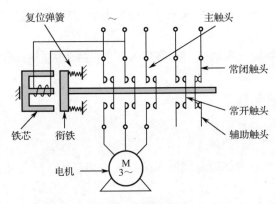

图 6-20　交流接触器的工作原理简图

6.6.3 交流接触器型号及命名意义

交流接触器型号及命名意义如图 6-21 所示。

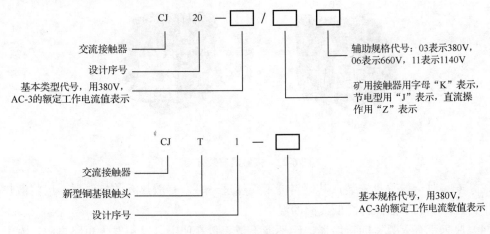

图 6-21　交流接触器型号及命名意义

接触器的种类较多，国产的型号主要有 CJ10、CJ12、CJ20、CJ22、CJ24、B 系列等，还有引进的新系列，如 3TH、3TB 等。

6.6.4 交流接触器的选择

在低压电气控制电路中选用接触器时，应主要考虑主触头额定电流、主触头额定电压、吸引线圈的电压等。

（1）主触头额定电流。接触器控制电阻性负载时，主触头的额定电流应等于负载的额定电流；控制电动机时，主触头的额定电流应大于或稍大于电动机的额定电流。

（2）主触头额定电压。接触器主触头的额定电压应不小于负载电路的工作电压，可以根据接触器标准参数规格选用。

（3）吸引线圈电压。接触器吸引线圈的电压选择：交流线圈电压有 36V、110V、127V、220V、380V；直流线圈电压有 24V、48V、110V、220V、440V。从人身安全的角度考虑，线圈电压可选择低一些，但当控制线路简单，使用电器较少时，可直接选用 380V 或 220V 的电压。

（4）接触器的触头数量应满足控制支路数的要求，触头类型应满足控制线路的功能要求。

6.6.5 接触器的安装与维护

1. 接触器的安装

（1）安装前应检查产品的铭牌及线圈上的数据，如电压、额定电流、操作频率等，是否符合实际使用的要求。

（2）安装时应方便以后检修查找故障，纵向安装时，主触头上端应为进线端，三相电源的顺序由左至右为 A、B、C，如图 6-22（a）所示。横向安装时，主触头左边应为进线端，右边为出线端，三相电源的顺序由上至下为 A、B、C，如图 6-22（b）所示。辅助触头可以根据进线方便的原则，就近连接，没有具体的要求。

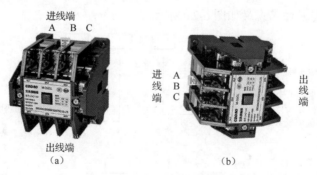

图 6-22 接触器安装方向

（3）安装时一般垂直安装，其倾斜度不得超过 5°，有散热孔的接触器，应将散热孔放在上下位置，以利于散热并降低线圈的温度。

（4）原来带有灭弧室的接触器，绝不能不带灭弧室使用，以免发生短路事故，陶土灭弧罩易碎，应避免碰撞，如有破裂，应及时调换。

（5）安装完毕后，应检查有无零件或杂物掉落在接触器上或内部；检查接触器的接线是否正确；还应在不带电负载的情况下检测接触器的性能是否合格。

2. 接触器的维护

接触器的维护情况如下：

（1）保持触头清洁，不允许沾有油污；

（2）触头的厚度减小到原厚度的 1/3 时，应更换触头或继电器；

（3）接触器不允许在去掉灭弧罩的情况下使用，因为这样在触头分断时可能造成相间短路事故；

（4）陶土的灭弧罩易碎，应避免因碰撞而损坏；

（5）检查铁芯吸合是否良好，有无较大的噪声，断开后是否能返回到正常位置；

（6）检查电磁线圈有无过热现象，电磁铁上的短路环有无脱出和损伤现象；

（7）监听接触器内有无放电声及电磁系统有无过大的噪声和过热现象。

6.7　继电器

6.7.1　继电器的用途、分类、型号含义及工作原理

1. 继电器的用途

继电器是根据一定的信号（如电流、电压、时间和速度等物理量）的变化来接通或分断小电流电路和电器的自动控制电器。

继电器一般不用来直接控制主电路，而是通过接触器或其他电器来对主电路进行控制，因此，同接触器相比较，它的触点通常接在控制电路中，触点断流容量较小（5A 以下），一般不需要灭弧装置，但对继电器动作的准确性要求较高。

2. 继电器的分类

继电器的种类较多，常见的继电器分类方式见表 6-6。

表 6-6　常见的继电器分类方式

分 类 方 式	种 类
按输入信号性质分	电压继电器、电流继电器、时间继电器、速度继电器、压力继电器、温度继电器
按工作原理分	电磁式继电器、感应式继电器、电动式继电器、电子式继电器、热继电器
按用途分	控制继电器和保护继电器
按输出形式分	有触点继电器和无触点继电器
按外形尺寸分	微型继电器、超小型继电器、小型继电器
按防护特征分	密封继电器、塑封继电器、防尘继电器

3. 继电器的型号含义

继电器的型号含义如图 6-23 所示。

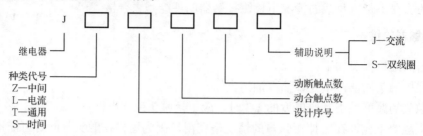

图 6-23　继电器的型号含义

4. 继电器工作原理

以电磁式继电器为例，其工作原理简图如图 6-24 所示。电磁式继电器的结构组成和工作原理与电磁式接触器相似，也是由电磁机构和触点系统两个主要部分组成。电磁机构由线圈、铁芯、衔铁组成。触头系统由于其触点接在控制电路中，且电流小，故不装设灭弧装置。另外，为了实现继电器动作参数的改变，继电器一般还具有改变弹簧松紧和改变衔铁打开后气隙大小的装置，即调节螺钉。

当通过线圈的电流超过某一定值时，电磁吸力大于反作用弹簧力，衔铁吸合并带动绝缘支架动作，使动断触点断开，动合触点闭合。通过调节螺钉来调节反作用力的大小，即调节继电器的动作参数值。

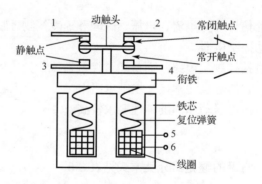

图 6-24　电磁式继电器的工作原理简图

6.7.2　电压继电器

1. 电压继电器概述

电压继电器是反映电压变化的控制设备，用于动力拖动系统的电压保护和控制。电压继电器使用时电磁线圈并联接入所控制的电路中，与负载并联，将动作触点串联到控制电路中。当电路的电压值变化超过设定值时，电压继电器就会动作，触点状态产生切换，并发出信号。

根据用途不同，电压继电器可分为欠电压继电器和过电压继电器。

2. 欠电压继电器

欠电压继电器用于电路的欠电压保护。欠电压继电器的线圈在额定电压时，衔铁处于吸合状态，一旦所接电气控制线路中的电压降低至线圈的释放电压，衔铁由吸合状态变为释放状态，欠电压继电器利用其常开触点断开保护电器的电源。

交流欠电压继电器吸合电压 $U_X=(0.6\sim0.85)U_N$，释放电压 $U_F=(0.1\sim0.35)U_N$。其中，U_X 为吸合电压，U_F 为释放电压，U_N 为额定电压。

3. 过电压继电器

过电压继电器用于电路的过电压保护。过电压继电器的线圈在额定电压范围内时，衔铁不产生吸合动作，只有当线圈电压高于其额定电压时衔铁才产生吸合动作，并使其动断触点断开，从而实现电路过压保护作用。

过电压继电器吸合电压 $U_X=(1.05\sim1.2)U_N$。

4. 电压继电器图形符号

电压继电器的外形结构和图形符号如图 6-25 所示。

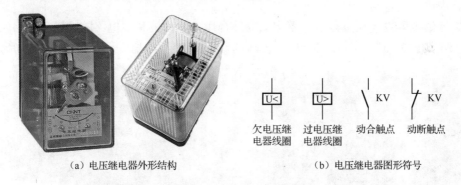

（a）电压继电器外形结构　　　　　　（b）电压继电器图形符号

图 6-25　电压继电器的外形和图形符号

5. 电压继电器的选用与安装

（1）选用过电压继电器主要考虑额定电压和动作电压等参数，过电压继电器的动作值一般按系统额定电压的 1.1～1.2 倍整定。电压继电器线圈的额定电压一般可按电路的额定电压来选择。

（2）安装前，先检查额定电压值是否与实际要求相符。

（3）安装后，应在主触头不带电的情况下，使吸引线圈带电操作几次，检查继电器动作是否可靠。

（4）应定期检查各部件有无松动及损坏，并应保持触点的清洁和可靠。

6.7.3　电流继电器

1. 电流继电器概述

电流继电器是反映电流变化的控制设备，用于动力拖动系统的电流保护和控制。电流继电器使用时电磁线圈串联接入所控制的电路中，与负载串联，将动作触点串联到控制电路中。

当电路的电流值变化超过设定值时，电流继电器就会动作，触点状态产生切换，发出信号。

根据用途不同，电流继电器可分为欠电流继电器和过电流继电器。

2. 欠电流继电器

欠电流继电器用于电路的欠电流保护。欠电流继电器正常工作时衔铁处于吸合状态，当电路的负载电流降低至释放电流值时，衔铁释放。在直流电路中，当负载电流降低或消失时，往往会导致严重后果（如直流电动机励磁回路断路等）。但交流电路中一般不会出现欠电流故障，因此，低压电器产品中有直流欠电流断路器而无交流欠电流继电器。

直流欠电流继电器吸合电流 $I_X=(0.3\sim0.65)I_N$，释放电流 I_F 整定范围 $I_F=(0.1\sim0.2)$ I_N。其中，I_X 为吸合电流，I_N 为额定电流。

3. 过电流继电器

过电流继电器正常工作时线圈中虽有负载电流，但衔铁不产生吸合动作；当出现超出整定电流的吸合电流时，衔铁才产生吸合动作。在电气控制线路中出现冲击性过电流故障时，过电流使电流继电器衔铁吸合，利用其动断触点断开接触器线圈的通电回路，从而切断电气控制线路中电气设备的电源。

过电流继电器主要在重载或频繁启动的场合作为电动机和主电路的过载和短路保护，常用的有 JT4、JL12 和 JL14 等系列过电流继电器。过电流继电器外形结构如图 6-26 所示。

图 6-26　过电流继电器外形结构

交流过电流继电器整定值 I_X 的整定范围为 $I_X=(1.1\sim3.5)I_N$，其中，I_N 为额定电流。

4. 电流继电器的选用与安装

1）电流继电器的选用

（1）电流继电器的额定电流一般可按电动机长期工作的额定电流来选择。对于频繁启动的电动机，额定电流可选大一个等级。

（2）电流继电器的触头种类、数量、额定电流及复位方式应满足控制线路的要求。

（3）过电流继电器的动作电流可根据电动机工作情况，一般按电动机启动电流的 1.1～1.3 倍整定，频繁启动场合可取 2.25～2.5 倍。一般绕线转子感应电动机的启动电流按 2.5 倍额定电流考虑，笼型感应电动机的启动电流按额定电流的 5～8 倍考虑。

2）电流继电器的安装与维护

（1）安装前先检查额定电流及整定值是否与实际要求相符。

（2）安装时，需将电磁线圈串联于主电路中，常闭触头串联于控制电路中与接触器线圈连接。

（3）安装后在主触头不带电的情况下，使吸引线圈带电操作几次，检查继电器动作是否可靠。

（4）定期检查各部件是否有松动及损坏现象，并保持触头的清洁和可靠。

6.8 时间继电器

6.8.1 时间继电器的分类、型号与含义

时间继电器是控制系统中控制动作时间的继电器。它按工作原理可分为空气阻尼式、电动式、晶体管式和可编程式时间继电器等。常见的时间继电器的外形和型号与含义如图 6-27 所示。

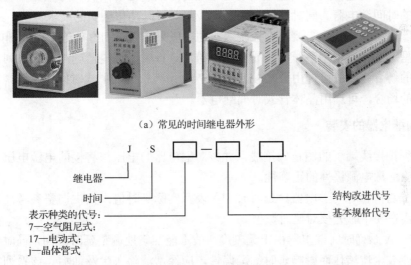

（a）常见的时间继电器外形

（b）时间继电器型号与含义

图 6-27 常见时间继电器的外形和型号与含义

按延时方式可分为通电延时型时间继电器和断电延时型时间继电器。时间继电器的图形符号及文字符号如图 6-28 所示。

通电延时型时间继电器是指线圈通电后触点延时动作，即当线圈通电时，其延时动合触点要延时一段时间才闭合，延时动断触点要延时一段时间才断开；当线圈失电时，其延时动合触点迅速断开，延时动断触点迅速闭合。

断电延时型时间继电器是指线圈断电后触点延时动作，即当线圈通电时，其延时断开的动合触点迅速闭合，延时闭合的动断触点迅速断开；当线圈失电时，其延时断开的动合触点要延时一段时间再断开，延时闭合的动断触点要延时一段时间再闭合。

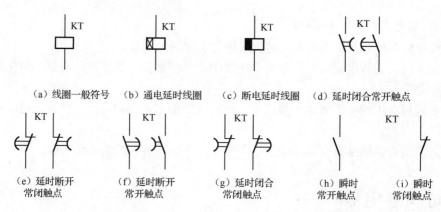

（a）线圈一般符号　（b）通电延时线圈　（c）断电延时线圈　（d）延时闭合常开触点

（e）延时断开　　　（f）延时断开　　　（g）延时闭合　　　（h）瞬时　　　（i）瞬时
　　常闭触点　　　　　常开触点　　　　　常闭触点　　　　常开触点　　常闭触点

图 6-28　时间继电器的图形符号及文字符号

6.8.2　时间继电器的选用与安装

1. 时间继电器的选用

（1）延时方式的选择。时间继电器有通电延时和断电延时两种，应根据控制线路的要求来选择合适的时间继电器。同时，还必须考虑线路对瞬时动作触头的要求。

（2）线圈电压的选择。需要根据控制线路的电压来选择时间继电器吸引线圈的电压。

（3）类型的选择。根据系统的延时范围和精度选择时间继电器的类型和系列。在延时精度要求不高的场合，一般可选用价格较低的 JS7-A 系列空气阻尼式时间继电器，反之，对精度要求较高的场合，可选用晶体管式时间继电器。

2. 时间继电器的安装

（1）必须按接线端子的图正确接线，并核对继电器的电压与将接的电源电压是否相符，直流型的还应注意电源极性的正确性。

（2）对于晶体管时间继电器，延时时刻不表示实际延时值，仅供调整参考。若需要精确的延时值，需在使用时先核对延时数值。

（3）JS7—A 系列时间继电器由于无刻度，故不能准确地调整延时时间，同时气室的进排气孔也有可能被尘埃堵住而影响延时的准确性，应经常清除灰尘及油垢。该系列继电器只要将线圈转动 180°即可将通电延时改为断电延时方式。

（4）JS11—□1 系列通电延时继电器，必须在分断离合器电磁铁线圈电源时才能调节延时值；而 JS11—□2 系列通电延时继电器，必须在接通离合器电磁铁线圈电源时才能调节延时值。

（5）JS20 系列时间继电器与底座间有扣襻锁紧，在拔出继电器本 U 体前先要扳开扣襻，然后缓缓拔出继电器。

（6）空气阻尼式时间继电器由于采用电磁铁线圈动作原理，不宜采用横向安装，应垂直安装，线圈置于下方。

（7）调整时用手将电磁铁的衔铁按到吸合位置，延时机构应立即启动，直至延时触点闭合为止，此时瞬间触点应能可靠转换。

6.9 热继电器

6.9.1 热继电器的分类、型号与含义

热继电器是利用电流的热效应来切断电路的保护电器。它在电路中用作电动机的长期过载保护，有些热继电器还具有断相保护，电流不平衡保护功能。

热继电器的形式有多种，其中双金属片式应用最多。按极数可分为单极、两极和三极等；按复位方式可分为自动复位式和手动复位式等。

热继电器的外形及图形符号如图 6-29 所示。

（a）热继电器的外形　　　　　　（b）热继电器图形符号

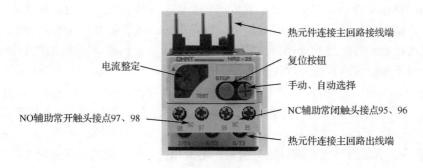

（c）接线方式

图 6-29　热继电器的外形及图形符号

热继电器的型号与含义如图 6-30 所示。

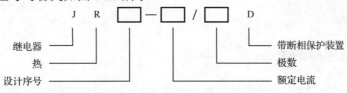

图 6-30　热继电器的型号及含义

6.9.2 热继电器的选用与安装

1. 热继电器的选用

（1）热继电器的类型选择。一般情况下，可选择两相或普通三相结构的热继电器，但对

于三角形接法的电动机，应选用三相带断相保护装置的热继电器。

（2）热继电器的额定电流选择。热继电器的额定电流应略大于电动机的额定电流。

（3）热继电器的整定电流选择。热继电器的整定电流是指热继电器长期不动作的最大电流，超过此值就将会动作。一般将热继电器的整定电流调整到等于电动机的额定电流即可；对启动时间较长、拖动冲击性负载或不允许停车的电动机，热继电器的整定电流应调整到电动机额定电流的 1.1～1.15 倍。

2. 热继电器的安装与维护

（1）热继电器进线端子标志为 1/L1、3/L2、5/L3，与之对应的出线端子标志为 2/T1、4/T2、6/T3，常闭触头进线端子标志为 95、96，常开触头进线端子标志为 97、98。

（2）热继电器的连接导线应符合规定要求。

（3）安装进线时，必须切断电源。

（4）当热继电器与其他电器安装在一起时，应将它安装在其他电器的下方，以免其动作提醒受到其他电器发热的影响。

（5）对于点动、重载起动、频繁起动、连续正反转动和反接制动运行的电动机，一般不宜使用热继电器。

（6）运行前，还要检查其整定电流是否符合要求。

（7）主回路连接导线不宜太粗，也不宜太细，如连接导线过细，轴向导热性能就差，热继电器可能提前动作；反之，连接导线太粗，轴向导热快，热继电器可能滞后动作。

（8）当电动机启动时间过长或操作次数过于频繁时，会使热继电器无动作或烧坏电器，故这种情况一般不用热继电器作为过载保护。

（9）热继电器脱扣动作后，若要再次启动电动机，必须待热元件冷却后，才能使热继电器复位。一般在动作后的 5min 内可实现自动复位，在动作后的 2min 后可实现手动复位。

（10）为使热继电器的整定电流与负荷的额定电流相符，可以旋转调节旋钮选择所需要的电流值对准白色箭头，旋钮上的电流值与整定电流值之间可能有误差，可在实际使用时按情况稍偏转，如果用两刻度之间的整定电流值，可按比例转动调节旋钮。

6.10 速度继电器

6.10.1 速度继电器的用途、型号与含义

速度继电器是反映转速和转向的继电器，其主要作用是以旋转速度的快慢为指令信号，与接触器配合实现对电动机的反接制动控制，因此也称为反接制动继电器。

所谓制动，就是给正在运行的电动机加上一个与原转动方向相反的制动转矩，迫使电动机迅速停转。电动机常用的制动方法有机械制动和电气制动两大类。图 6-31 所示为速度继电器外形及符号。

（a）速度继电器外形

KS ─ ─ ─ ◯　　　n＼ KS　　　n＼ KS

（b）速度继电器符号

图6-31　速度继电器外形及符号

常用的速度继电器有 JY1 型和 JFZ0 型两种。其中，JY1 型可在 700～3600r/min 范围内可靠地工作；JFZ0-1 型适用于 300～1000r/min，JFZ0-2 型适用于 1000～3600r/min。它们具有两个常开触点，两个常闭触点，触点额定电压为 380V，额定电流为 2A。一般速度继电器的转速在 130r/min 左右就可能动作，在 100r/min 时触头就可能恢复到正常位置。可以通过螺钉的调节来改变速度继电器动作的转速，以适应控制电路的要求。

6.10.2　速度继电器的选用与安装

1. 速度继电器的选用

速度继电器主要根据所需控制的转速大小、触头数量，以及电压、电流来选用。

2. 速度继电器的安装与维护

（1）速度继电器的转轴与电动机要同轴连接，必须使两个轴的中心线重合，以免因为不同轴造成继电器摆轴，使胶木摆杆损坏，无法产生动作信号。

（2）速度继电器安装接线时，根据运行要求注意正反向触点不能接反，以免产生错误信号。

（3）速度继电器的外壳要可靠接地。

第7章

电工常用电气识图

7.1 电气图的基本构成

7.1.1 图纸幅面的一般规定

电气图的图纸幅面一般分为 5 种：0 号图纸、1 号图纸、2 号图纸、3 号图纸和 4 号图纸，分别用 A0、A1、A2、A3 和 A4 来表示。图纸幅面尺寸具体数据见表 7-1。

表 7-1　图纸幅面尺寸具体数据 （单位：mm）

幅面代号	A0	A1	A2	A3	A4
宽×长	841×1189	594×841	420×594	297×420	210×297

图形用线国家标准中规定了 8 种：粗实线、细实线、波浪线、双折线、虚线、细点画线、粗点画线、双点画线。各种图线的形式、宽度及应用见表 7-2。图线宽度一般为 0.25mm、0.35mm、0.5mm、0.7mm、1.0mm 和 1.4mm。以粗实线宽度 b 为准，通常在同一张图中只选用 2～3 种宽度的图线，粗线的宽度为细线的 2～3 倍。图中平行线的最小间距应不小于粗线宽度的 2 倍，且不小于 0.7mm。

表 7-2　图线的形式、宽度及应用

序号	名称	代号	形　　式	宽度	应　用　实　例
1	粗实线	A	——————	b	简图主要用线，可见轮廓线、可见过渡线、可见导线、图框线等
2	中实线		——————	约 $b/2$	土建平、立面图上的门、窗等的外轮廓线（中实线——非国家标准规定，因绘图需要而列此项）
3	细实线	B	——————	约 $b/3$	尺寸线、尺寸界限、剖面线、分界线、范围线、辅助线、弯折线、指引线等
4	波浪线	C	〰	约 $b/3$	未全画出的折断界线、中断线、局部剖视图或局部放大图的边界线等
5	双折线（折断线）	D	⌐⌐	约 $b/3$	被断开部分的边界线
6	虚线	F	- - - - - - -	约 $b/3$	不可见轮廓线、不可见过渡线、不可见导线、计划扩展内容用线、地下管道（粗虚线 b）、屏蔽线

续表

序号	名称	代号	形　式	宽度	应 用 实 例
7	细点画线	G	—·—·—	约 $b/3$	物体（建筑物、构筑物）的中心线、对称线、回转体轴线、分界线、结构围框线、功能围框线、分组围框线
8	粗点画线	J	—·—·—	b	表面的表示线、平面图中大型构件的轴线位置线、起重机轨道、有特殊要求的线
9	双点画线	K	—··—··—	约 $b/3$	运动零件在极限或中间位置时的轮廓线、辅助用零件的轮廓线及其剖视图中被剖去的前面部分的假想投影轮廓线、中断线、辅助围框线

标注的规定：按国家标准规定，标注的汉字、数字和字母都必须做到"字体端正、笔画清楚、排列整齐、间距均匀"。

汉字应写成长仿宋体，并采用国家正式公布的简化字。字体的号数，即字体的高度（单位 mm）分为 20、14、10、7、5、3.5、2.5，字体的宽度约等于字体高度的 2/3，数字及字母的笔画宽度约为字体高度的 1/10。

数字和字母分为直体和斜体两种，常用的斜体字头向右倾斜，与水平线约成 75°角。

图纸比例的规定：图纸的比例是指图形的大小与实际物件的大小之比。电气图需要按比例绘制，用于安装电气设备及布线的简图，如平面图、剖面布置图等，一般在 1 : 10、1 : 20、1 : 50、1 : 100、1 : 200 和 1 : 500 比例系列中选用。

1. 指引线的用法

指引线用于指示注释的对象，其末端指向被注释处，并在某末端加注标记，指引线的用法如图 7-1 所示。

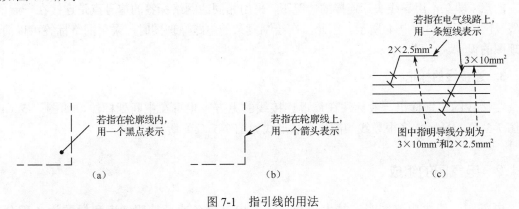

图 7-1　指引线的用法

2. 图的连接线的表示法

连接线可用多线、单线或总线表示，为避免线条太多，以保持图面的清晰，对于多条去向相同的连接线，常采用单线表示法，如图 7-2 所示。

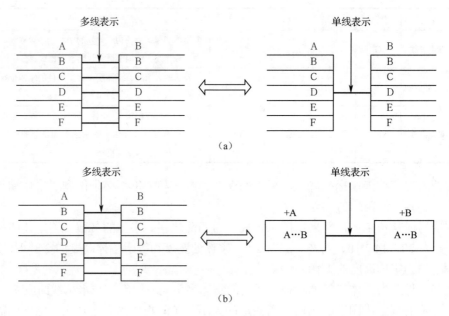

图 7-2　多线、单线表示法

当导线汇入用单线表示的一组平行连接线时，在汇入处应折向导线走向，而且每根导线两端应采用相同的标记号。汇入导线在电子电路图中常称为总线，汇入导线表示法如图 7-3 所示。

识别总线电路的连接：采用相同的网络标签标志的多个电气意义上的点，被视为同一导线上的点，即在不用导线实际连接的情况下，采用相同的网络标签的信号点是连接在一起的，总线及网络标签如图 7-4 所示。因此，在绘制复杂的电路原理图时，采用网络标签可以简化原理图的设计。

3. 连接线的标记

连接线的识别标记一般标注在靠近连接线的上方，也可在中断处标注，如图 7-5（a）和图 7-5（b）所示。多根导线的简化画法形式如图 7-5（c）所示。

7.1.2　电气图的组成

电气图一般由电气图表、技术说明、主要电气设备或元件明细表和标题栏 4 部分组成。电气图表是电气图的主要部分，所以一般又把电气图表称为电气图。电气图的组成见表 7-3。

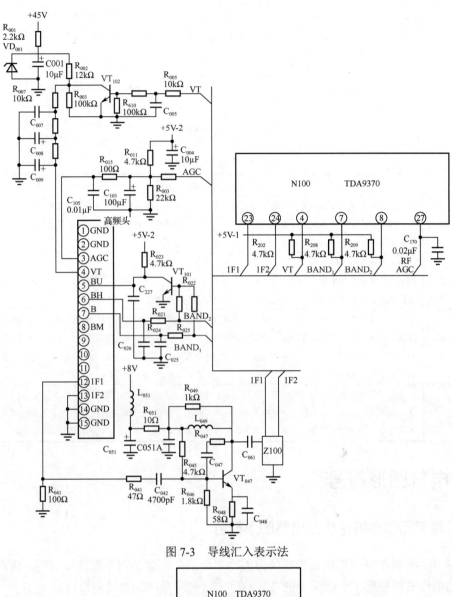

图 7-3　导线汇入表示法

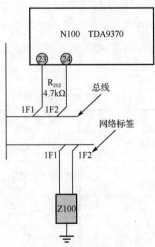

图 7-4　总线及网络标签

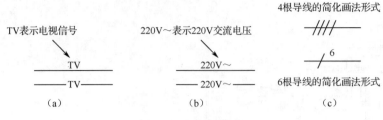

图 7-5　连接线的标记

表 7-3　电气图的组成

组　成	主　要　内　容
电气图表	电气图表是用国家统一规定的电气图形符号和文字符号表示电路中电气设备（或元件）相互关系的图形。它是用来表示设计思想和设计意图的图形，通过它可以搞清电气系统或设备中各部分之间、各元器件之间及它们相互间的连接关系，并能进一步了解其原理、功能和动作顺序
技术说明	技术说明又称为技术要求，用于注明电气图表中相关的技术要求、安装要求及未尽事项的文字。技术说明的书写位置在各种电路中有所不同，例如，在主回路（一次回路）图中，技术说明书写在图面的右下方，标题栏的上方；在辅助电路（二次回路）图中，技术说明书写在图面的右上方
主要电气设备（元件）明细表	电气设备明细表用来注明电气图表中主要电气设备或元件的代号、名称、型号、规格、数量和说明，它是识图、订货、安装时的重要依据。明细表在不同电路中的列写方面也不同，例如，在主电路图中，明细表一般在图面的右上方，由上而下逐项列出；在辅助电路图中，明细表一般在图面的右下方，紧接标题栏之上，自下而上逐项列出
标题栏	标题栏又称为图标，用于标注电气工程名称、设计类别、设计单位、图名、图号、比例、尺寸单位及设计人、制图人、描图人、审核人、批准人的签名和日期等。标题栏一般在图面的右下角。标题栏是电气设计图的重要技术档案，各栏目中的签名人对图中的技术内容承担相应的责任。识图时首先应看标题栏

7.2　电气图形符号

7.2.1　常见元器件的结构及电气图形符号

如果将各种器件一一描绘成实际的形态，那将是非常复杂而不可能实现的。因此，用尽可能简洁的形式，规定了一些简单的书写符号，这些符号称为电气图形符号。

我国电气图形符号执行标准为 GB/T 4728，一般来说，现在的图纸用的就是这个标准。常用电气图形符号见表 7-4。

表 7-4　常用电气图形符号

图　形　符　号	说　明	图　形　符　号	说　明
——	直流	∿	交流
	接地		保护接地
	电阻		可调电阻器
	分路器		插座（内孔的）或插座的一个极

续表

图 形 符 号	说 明	图 形 符 号	说 明
	压敏电阻		热敏电阻
	可拆卸端子		滑动电位器
	导线连接		加热元器件
	端子		插头
	电感器		电流互感器
	可变电感器		变压器
	带磁芯电感器		自耦变压器
	电容器		可变电容器
	有极性电容器		熔断器
	二极管		稳压二极管
	发光二极管		晶闸管
	双向晶闸管		双向二极管
	PNP 型三极管		NPN 型三极管
	光电管		光电耦合器
	晶体		结型场效应管（N 沟道）
	单结晶体管		绝缘栅型场效应管（P 沟道）
	天线		三根导线
	电池		灯
	电流表		电压表
	直流发电机		交流发电机
	交流电动机		三相交流异步电动机
	直流电动机		传声器
	蜂鸣器		扬声器
	继电器、接触器线圈		运算放大器

续表

图形符号	说　明	图形符号	说　明
	动合（常开）触点		动断（常闭）触点
	接触器常闭触点		先断后合转换触点
	手动开关		常开按钮开关
	常闭按钮开关		隔离开关
	多位开关		多极开关
	隔离开关		断路器

7.2.2　文字符号

　　文字符号是表示电气设备、装置、电气元件的名称、状态和特征的字符代码。电气技术中的文字符号分为基本文字符号和辅助文字符号两类。常用单字母文字符号见表 7-5。

表 7-5　常用单字母文字符号

字母代码	项 目 种 类	举　　例
A	组件、部件	分立元件放大器、印制电路板
B	变换器（从非电量到电量或相反）	热电传感器、热电池、光电池、麦克风、扬声器、耳机
C	电容器	可变电容器、微调电容器、极性电容器
D	二进制单元、存储器件	数字集成电路和器件、双稳态元件、单稳态元件、寄存器
E	杂项	光器件、热器件
F	保护器件	熔断器、过电压放电器件、避雷器
G	发电机、电源	旋转发电机、蓄电池
H	信号器件	光指示器、声指示器
K	继电器、接触器	电流继电器、交流接触器
L	电感器、电抗器	感应线圈、电抗器
M	电动机	电动机、同步电动机
N	模拟集成电路	运算分电器、模拟/数字混合器件
P	测量设备、试验设备	测量设备、信号发生器、时钟
Q	电力电路的开关	断路器、隔离开关
R	电阻器	可变电阻器、电位器、变阻器、分流器、热敏电阻
S	控制电路的开关、选择器	控制开关、按钮、限制开关、选择开关、选择器
T	变压器	电压互感器、电流互感器
U	调制器、变换器	鉴频器、解调器、变频器、编码器、逆变器、变流器
V	半导体器件	晶体管、晶闸管、二极管
W	传输通道、天线	导线、电缆、母线、偶极天线、抛物面天线
X	电阻、插头、插座	插头和插座、端子板、焊接端子、连接片
Y	电气操作的机械装置	制动器、离合器
Z	滤波器、均衡器、限幅器	晶体滤波器、网络

常用双字母文字符号见表 7-6。

表 7-6　常用双字母文字符号

名　称	双字母	名　称	双字母
直流电动机	MD	熔断器	FU
交流电动机	MA	照明灯	EL
同步电动机	MS	指示灯	HL
隔离开关	QS	电流表	PA
刀开关	QK	时间继电器	KT
断路器	QF	电压继电器	KV
控制开关	SA	接触器	KM
微动开关	SS	热继电器	KH
按钮开关	SB	电位器	RP
蓄电池	GB	端子板	XT
自耦变压器	TA	连接片	XB
整流变压器	TR	箭头	XP
电流互感器	TA	插座	XS
电压互感器	TV		

常用辅助文字符号如表 7-7 所示。

表 7-7　常用辅助文字符号

名　称	符　号	名　称	符　号
电压	V	交流	AC
电流	A	停止	STP
时间	T	控制	C
闭合	ON	反	R
断开	OFF	红	RD
同步	SYN	绿	GN
异步	ASY	压力	P
黄	YE	自动	A, AUT
白	WH	手动	M, MAN
蓝	BL	信号	S
直流	DC		

7.2.3　项目代号

在电气图上，通常用一个图形符号表示的基本元器件、部件、组件、功能单元、设备、系统等，这些都称为项目。

由于项目代号是以一个系统、成套装置或设备的依次分解为基础来编定的，建立了图形符号与实物间一一对应的关系，因此，可以用来识别、查找各种图形符号所表示的电气元件、装置和设备，以及它们的隶属关系、安装位置。

项目代号由高层代号（=）、位置代号（+）、种类代号（—）、端子代号（：）根据不同场合的需要组合而成，它们分别用不同的前缀符号来识别。前缀符号后面跟字符代码，字符代码可由字母、数字或字母加数字构成。

标准规定 1：高层代号

系统或设备中任何较高层次（对给予代号的项目而言）项目的代号，称为高层代号。如电力系统、变电站、电力变压器、电动机等。由于各类子系统或成套配电装置、设备的划分方法不同，某些部分对其所属的下一级项目就是高层。

高层代号的字符代码由字母和数字组合而成，有多个高层代号时可以进行复合，但应注意将较高层次的高层代号标注在前面。例如，"=P8=T5"表示有两个高层次的代号 P8、T5，T5 属于 P8。这种情况也可复合表示为"P8T5"。

标准规定 2：位置代号

位置代号（+）是项目在组件、设备、系统或建筑物中实际位置的代号。位置代号通常由自行规定的拉丁字母及数字组成。在使用位置代号时，应画出表示该项目位置的示意图。图 7-6 所示为某学院的电器中央控制室位置代号示意图，内有多列控制屏。各列用拉丁字母表示，各屏用数字表示，则位置代号用字母和数字组合而成表示。如 B 列屏的第 5 号控制屏的位置代号表示为"+B+5"，它安装在 113 室，则全称表示为"+113+B+5"

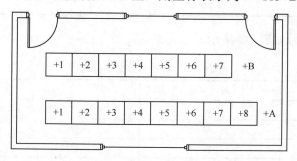

图 7-6　某学院的电器中央控制室位置代号示意图

标准规定 3：种类代号

种类代号（—）是用于识别所指项目属于什么种类的一种代号，是项目代号中的核心部分。种类代号通常有 3 种不同的表达式见表 7-8。

表 7-8　种类代号的 3 种不同表达式

表达形式	图　　例	备　　注
字母+数字	"—K2"表示第 2 号继电器、"—M4"表示第 4 台电动机	种类代号字母采用文字符号中的基本位置符号，一般是单字母，不能超过双字母
数字序号	"—5"代表 5 号项目，在技术说明书中必须说明"5"代表的种类	这种表达式不分项目的类别，所有项目按顺序统一编号，方法简单，但不易识别项目的种类，因此，必须将数字序号和代表的项目种类列成表，置于图中或图后，以利识读
分组编号	"—2"表示电动机，—201、—202、—203…表示第 1、2、3…台电动机	数码代号第 1 位数字的意义可自行确定，后面的数字序号可以为两位数

标准规定 4：端子代号

端子代号是指项目（如成套柜、屏）内、外电路进行电气连接的接线端子的代号。电气图中端子代号的字母必须大写。

端子代号可标注在端子代号的附近，不画小圆的端子则将端子代号标注在符号引线附近，标注方向以看图方向为准。在画有围框的功能单元或结构单元中，端子代号必须标注在围框内，如图 7-7 所示，图 7-7（a）中电缆-W55 的相应芯线接到远端+B5-X1 的端子 30～34 及 PE 上，如图 7-7（b）所示。

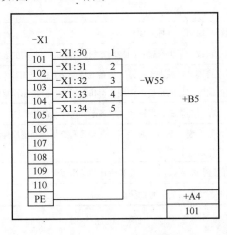

(a)

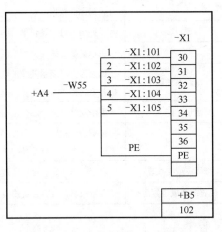

(b)

图 7-7　端子代号的标注

7.2.4　回路标号

电路图中用来表示各回路的种类和特征的文字符号和数字标号，通称为回路标号。回路标号的一般原则如下。

（1）由电气设备的线圈、绕组、电阻、电容、各类开关、触点等电气元件分隔开的线段，应视为不同的线段，标注不同的回路标号。

（2）回路标号按照"等电位"原则进行标注。等电位的原则是指电路中连接在一点上的所有导线具有同一电位而标注系统的回路称号。

（3）在一般情况下，回路标号由 3 位或 3 位以下的数字组成。以个位代表相别，如三相交流电路的相别分别为 1、2、3；以个位奇偶数区别回路的极性，如直流回路的正极侧用奇数，负极侧用偶数。以标号中的十位数字的顺序区分电路中的不同线段。以标号中的百位数字来区分不同供电电源的电路。如直流电路中 A 电源的正、负极电路标号用"101"和"102"表示，B 电源的正、负极电路用标号"201"和"202"表示。

7.3　认识常用电气图

7.3.1　电气图的种类

电气图通常是指用图形符号、带注释的方框或简化外形表示系统或设备中各组成部分之间相互关系及其连接关系的一种简图。常见电气图的种类见表 7-9。

表 7-9　常见电气图的种类

序号	名　称	定　义
1	概略图或方框图	概略图是指表示系统、分系统、装置、部件、设备、软件中各项目之间的主要关系和连接的相对的简图
2	功能图	表示理论的或理想的电路而不涉及实现方法的一种简图。其用途是提供绘制电气图和其他有关简图的依据
3	逻辑图	主要用二进制逻辑单元图形符号绘制的一种简图
4	功能表图	表示控制系统（如一个供电过程或一个生产过程的控制系统）的作用和状态的表图
5	电路原理图	用图形符号表示并按工作顺序排列，详细表示电路、设备或成套装置的全部基本组成和连接关系，而不考虑其实际位置的简图。目的是便于详细了解作用原理、分析和计算电路特性
6	端子功能图	表示功能单元全部外接端子，并用功能图、表图或文字表示其内部功能的简图
7	程序图	详细表示程序单元和程序片及其互连关系的一种简图。其要素和模块的布置应能清楚地表示出相互关系，目的是便于对程序运行的理解
8	接线图或接线表	表示成套装置、设备或装置的连接关系，用以接线和检查的简图或表格
9	位置简图或位置图	表示成套装置、设备或装置中各个项目的位置的简图

7.3.2　弱电电路图的类型

弱电电路中常用到的电路图纸有 5 种：方框图、电路原理图、印制电路板图、安装图及接线图等。

1. 方框图

方框图是采用符号或带文字注释的框和连线来表示电路工作原理和构成概况的电路简图。这种简图描述和反映了整机线路中各单元电路的具体组成，它是整机线路图的框架，形象、直观地反映了整机的层次划分和体系结构，简明地指出信号的流程。相对其他图纸来说，方框图是最简单的，但无论对初学者还是有丰富经验的技术人员，都是非常重要的，只有真正熟练地掌握了方框图的含义，才能轻松学习电子电路原理图。图 7-8 所示是晶体管调幅式（AM）收音机的电路方框图。

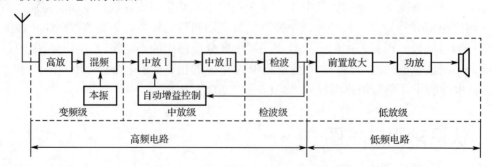

图 7-8　晶体管 AM 收音机电路方框图

超外差式晶体管 AM 收音机一般由高频和低频两大电路组成，其中，高频电路主要由变频级（高放、混频、本振）、中放级（中放Ⅰ、中放Ⅱ、自动增益控制）、检波级三大单元电路组成；低频电路主要由前置放大与功放两大电路组成。各方框图的主要作用如下。

- 高放：把天线接收下来的广播（高频）信号进行放大。
- 本振：产生一个本机振荡，该振荡频率总是跟踪高放级，总比高放级的信号频率高465kHz，把这个频率称为"中频"，中频送至混频级。
- 混频：把高放信号和本振信号进行混合，取其差频，该差频固定为中频（465kHz），然后送至中放级进行放大。
- 中放：　中放是具有选择性地对中频信号进行放大，中放级采用两级放大后，把信号送至检波级。其中，中放Ⅰ级还同时受自动增益控制电路（AGC）的控制。
- 检波：检波就是卸载，即取其真实信号，舍弃载波信号，还原出音频信号。
- 自动增益控制：自动增益控制电路简称 AGC，是把检波后的直流分量反馈至中放Ⅰ级，实现对高频电路的自动调节，来控制和弥补因信号或强或若原因产生的波动。
- 前置放大：是一级电压放大器，把音频信号进行放大，来满足功放级输入端的要求。
- 功放：功率放大，对前置级送来的音频信号进行功率放大，最后驱动扬声器发音。
- 晶体管 AM 收音机的工作原理：天线接收下来的已调制信号，经变频级放大后转换成中频信号，中频信号经过两级放大，通过检波后还原出音频（低频）信号，音频信号经前置和功率放大，最后驱动扬声器发音。

2. 电路原理图

电路原理图简称电路图或原理图。它是各种电子元器件以图形符号形式体现电子电路工作原理的一种电路详细图，体现了电路的具体结构与工作原理。

在电路原理图中，各种电子元器件都有各自特定的表示方式——元器件电路符号，这些符号都是采用国家标准或专业标准所规定的图形符号绘制的。电路图除使用图形符号外，还必须用连接线画出其所有的连接形式，并加适当的文字标注，其标注的主要内容为元器件的编号、型号及主要参数等。图 7-9 所示是晶体管 AM 收音机电路原理图（该原理图是与图 7-8 所示的方框图同步的）。

各单元电路的主要元器件作用如下。

- 供电电路。供电电路主要由电源 DC，电容器 C_{16}、C_{11}，电阻器 R_{17}，开关 K 等组成。电源（DC 1.5V）作为整机的能源供给；C_{16}、C_{11}、R_{17} 组成∏型退耦滤波电路；K 为电源的总开关。
- 变频级。变频级主要由三极管 VT_1，双连电容器 C_{1-A}、C_{1-B}，微调电容器 C_{1a}、C_{1b}，电阻器 R_1、R_2、R_3，电容器 C_2、C_3，二极管 BG_9，天线线圈 T_1，振荡线圈 T_2 及中周 T_3 等组成。VT_1 进行混频和放大；C_{1-A}、C_{1a} 和 T_1 的初级组成 LC 选频调谐回路；C_{1-B}、C_{1b} 和 T_2 的初级组成 LC 本机振荡回路；T_3 的初级和槽路电容组成中频 LC 选频回路；R_1、R_2、BG_9 组成偏置电路；C_2 为高频旁路电容；C_3 为耦合电容。
- 中放Ⅰ级。中放Ⅰ级主要由三极管 VT_2，电阻器 R_4、R_5、R_6，电容器 C_4、C_5，中周 T_4 等组成。VT_2 为中放Ⅰ级放大；R_4、R_5、R_6 为偏置电路；C_4、C_5 为高频旁路；T_4 的初级和槽路电容组成中频 LC 选频回路。
- 中放Ⅱ级。中放Ⅱ级主要由三极管 VT_3，电阻器 R_7、R_8，电容器 C_6，中周 T_5 等组成。VT_3 为中放Ⅱ级放大；R_7、R_8 为偏置电路；C_6 为高频旁路；T_5 的初级和槽路电容组成中频 LC 选频回路。

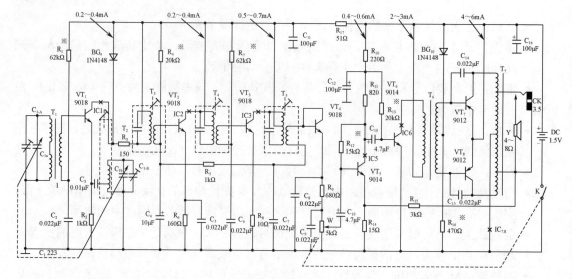

图 7-9 晶体管 AM 收音机电路原理图

- 检波级。检波级主要由三极管 VT_4，电阻器 R_9、R_5，电位器 W，电容器 C_7、C_8、C_9，中周 T_5 等组成。VT_4 为检波管；R_9、R_5、W 为偏置电路；C_7、C_8、C_9 为高频旁路。
- 前置级。前置级主要由三极管 VT_5、VT_6，电阻器 R_{10}、R_{11}、R_{12}、R_{13}、R_{14}、R_{15}，电容器 C_{10}、C_{12}、C_{13} 等组成。
- 功放级。功放级主要由三极管 VT_7、VT_8，二极管 BG_{10}，电阻器 R_{16}，电容器 C_{14}、C_{15}，输入变压器 T_6，输出变压器 T7，喇叭 Y，耳机插座 CK 等组成。VT_7、VT_8 为推挽式放大管；BG_{10}、R_{16} 为偏置电路；C_{14}、C_{15} 为中和电容。

晶体管 AM 收音机整机信号流程简图如图 7-10 所示。

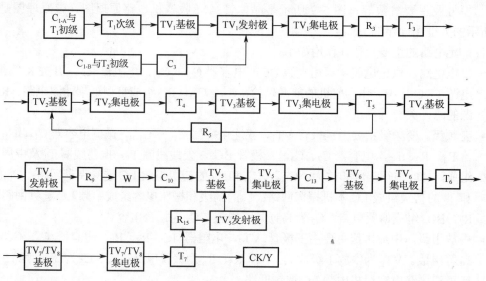

图 7-10 晶体管 AM 收音机整机信号流程简图

3. 印制电路板图

印制板也称印制电路板。在一块敷铜箔的绝缘基板上，经过专门的工艺制造出来的某一电路的全部导线和图形系统，称为印制电路。具有印制电路的绝缘底板就是印制板，在印制板上装入元器元件并经焊接、涂覆，就形成了印制装配板。图 7-11 所示为印制板。

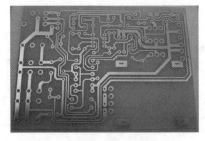

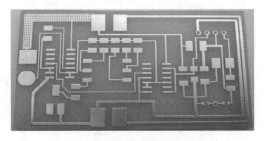

（a）通孔元件印制板　　　　　　　　　　　（b）贴片元件印制板

图 7-11　印制板

4. 安装图

安装图是一种提供电气设备和电子元器件安装位置及连接关系的图纸，如图 7-12 所示。

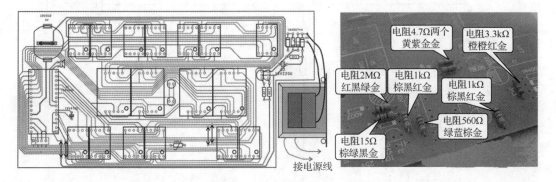

图 7-12　电子元器件安装图

7.3.3　强电电路图的类型

强电电路图主要有配电系统图、平面图、布置图、透视图、大样图和二次接线图等。

1. 配电系统图

配电系统图又称概略图或电气简图，是一种用单线表示法绘制，用图形符号、方框符号或带注释的框，大概表示系统或成套装置的基本组成、相互关系及主要特征的简图。

配电系统图是表示供配电系统、装置、设备、部件、软件中各项目之间的主要关系和连接的图，它相对简单，仅体现设计人员对某一电气项目的初步构思、设想，用以表示理论或理想的电路，并不涉及具体的实现方式。供配电系统中大量采用电气简图，如系统图或框图、功能图、等效电路图、逻辑图和程序图等，通常用单线图表示。

图 7-13 所示为某 35kV 变电站电气一次系统的接线图，属于配电系统图。

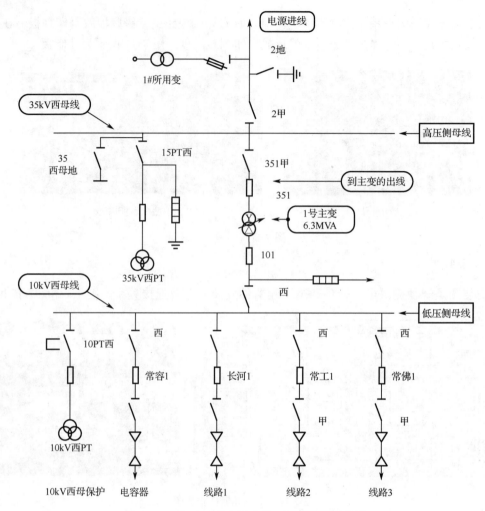

图 7-13 某 35kV 变电站电气一次系统的接线图

2. 平面图

电气平面图是表示电气设备、装置与线路平面布置的图纸，是进行电气安装的主要依据。在图中画出各种设备线路的走向、型号、数量、敷设位置及方法，配电箱、开关等设备位置的布置。

平面图包括外电总平面图和各专业平面图，对建筑、家装等电工来说，主要以室内电气专业平面图为主，它分为动力平面图、照明平面图、变电所平面图、防雷与接地平面图等。这种平面图由于采用较大的缩小比例，因此，不能表现电气设备的具体位置，只能反映设备之间的相对位置。

某一楼火警报警与消防联动控制平面图如图 7-14 所示。

3. 布置图、透视图

布置图是表现各种电气设备和器件的平面与空间的位置、安装方式及其相互关系的图纸。通常由平面图、立面图、剖面图及各种构件详图等组成。一般来说，布置图是按三视图绘制的。

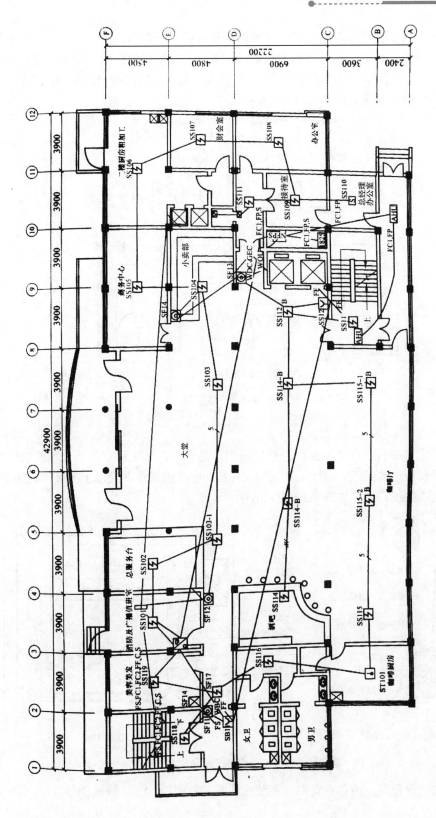

图 7-14 某一楼火警报警与消防联动控制平面图

由于一般照明平面上的导线都比较多，在图纸上不可能——表示清楚，因此，在读图过程中，可另外画出照明、开关、插座等的实际连接示意图，这种图就称为透视图，也称为斜视图。透视图画起来虽然麻烦，但对读图却有很大的帮助。两个房间照明平面图如图 7-15（a）所示，两个房间的照明透视图如图 7-15（b）所示。

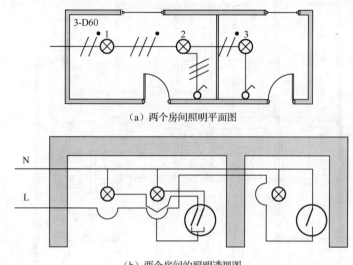

（a）两个房间照明平面图

（b）两个房间的照明透视图

图 7-15　平面图与对应的透视图

4. 大样图

大样图是表示电气安装工程中局部做法的明晰图，是表示电气工程中某一分项或某一部件的具体安装要求和做法的图纸，如灯头盒安装大样图、电缆桥架垂直段墙上安装大样图等。庭院灯具安装和弱电接线箱安装大样图如图 7-16 所示。

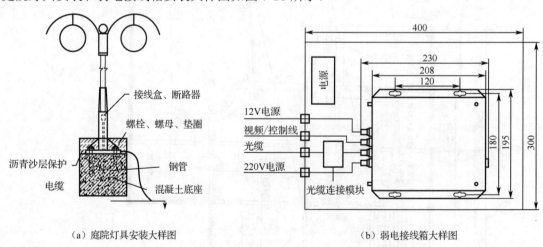

（a）庭院灯具安装大样图

（b）弱电接线箱大样图

图 7-16　庭院灯具安装和弱电接线箱安装大样图

此外，还有电气原理图、设备布置图、安装接线图、剖面图、二次接线图等。

7.4 识读电气图的要求和步骤

7.4.1 识图的基本要求

1. 要掌握、利用电工和电子技术基础知识来识图

要正确而快速地识读电气图，具备良好的电工和电子技术基础知识是十分重要的。各种变电所、电力拖动、照明及电子电路等的设计，都离不开电工和电子技术基础知识。例如，变配电所中各电路的串联、并联设计及计算，为提高功率因数而采用补偿电容的计算机设备、电子控制电路的工作原理等。

2. 根据元器件的结构和工作原理来识图

任何一个电气图都是由各种元器件、设备、装置组成的，例如，电子电路中的电阻、电容、电感、变压器、二极管、三极管、晶闸管等，供配电高低压电路中的变压器、隔离开关、断路器、互感器、熔断器、继电器等，只有掌握了它们的用途、主要构造、工作原理及与其他元器件的相互关系（如连接、功能及位置关系），才能看懂电路图。例如，要识读一个电子放大电路，就要知道三极管的结构、极性、放大原理、放大类型；要了解它的耦合形式是阻容耦合、变压器耦合、光电耦合或直接耦合等，因此，必须把各电子元器件的基本构造、工作原理弄懂，才能真正做到识图。

在看电路图时，首先要弄清楚这些电气元件的性能、相互控制关系及整个电路中的地位和作用，这样才能看懂电流在整个回路中的流动过程和工作原理，否则将无法识读电路图。

3. 结合单元电路或典型电路来识图

一张复杂的电路图也是由单元电路或典型电路组合而成的，在识图时，应紧紧抓住单元电路或典型电路的特点，分清主次环节及其与其他部分的相互联系，对于识图是很重要的。

单元电路就是基本电路，如射极跟随器、分压式偏置放大电路、电子稳压器等；又如电力拖动中的启动、制动、正反转控制电路、联锁电路、行程限位控制电路等，都是典型电路。

熟悉单元电路或典型电路是快速识图的捷径。图 7-17 所示为一个串联型稳压电源电路原理图，图中标注了各单元电路的元件组成，图中的元器件可以对应到图中的框图中，这些方框图实际上就是单元电路。

4. 根据电气图的绘制特点来识图

要熟练掌握电气图的重要特点及绘制电气图的一般规则，如电气图的布局、图形符号及文字符号的含义、主副电路的位置、电气触点的画法、电气图与其他专业技术图的关系等，对识图大有帮助。

5. 结合其他专业技术图识图

其他专业技术图包括土建图、机械设备图等，电气图往往与它们密切相关，各种电气布置图更是如此。因此，读这类电气图时应与相关图样一并识读。

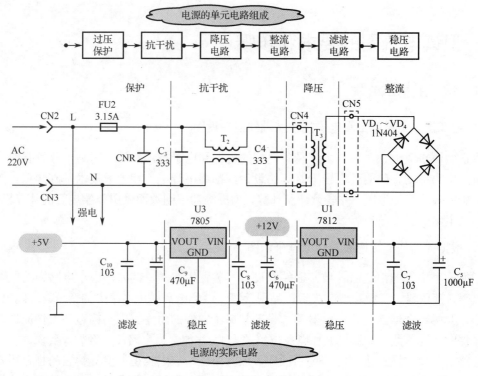

图 7-17　稳压电源电路原理图

7.4.2　识图的基本步骤

1. 识读供配电系统项目图的基本步骤

识读供配电系统项目图的基本步骤如下：从标题栏、技术说明到图形、元件明细表，从总体到局部，从电源到负载，从主电路到副电路，从电路到元件，从上到下，从左到右。

1）看图样说明

包括首页的图样目录、技术说明、设备材料明细表和设计、施工说明书等，由此对工程项目的设计内容及总体要求大致有所了解，有助于抓住识图的重点内容。

2）看电气原理图

看电气原理图时，首先要分清主电路和副电路，交流电路和直流电路，再按照先看主电路，后看副电路的顺序读图。

看主电路时，一般是由上而下即由电源经开关设备及导线向负载方向看；看副电路时，则从上到下、从左到右，即先看电源，再依次看各个回路，分析各副电路对主电路的控制、保护、测量、指示等功能，以及其组成和工作原理。

3）看安装接线图

安装接线图是由原理接线图绘制而来的，因此，看安装接线图时，要结合原理图对照识读。先看主电路，从电源引入端开始，顺序经开关设备、线路到负载；后看副电路，从电源的一端到另一端，按连接顺序依次对回路进行分析。

4）看展开接线图

看展开图时，一般是先看各展开回路的名称，然后从上到下、从左到右识读。要特别注意，在展开图中，同一电器元件的各部件是按其功能分别画在不同回路中的（同一电器元件的各部件均标注同一项目代号，其项目代号通常由文字符号和数字编号组成），因此，读图时要注意该元件各部件动作之间的相互联系。

同时要注意的是，在分析一些展开图的回路功能时，有可能需要交叉。

5）看平面、剖面布置图

看电气布置图时，首先要了解土建、管道等相关图样，然后看电气设备的位置（包括平面、立面位置），由投影关系详细分析各设备的具体位置尺寸，并弄清各电气设备之间的相互连接关系、线路引入、引出走向等。

2. 其他类别图识读的基本步骤

其他类别的电气图，如电力拖动、电子电路、梯形图等，其识读的原则及步骤与供电系统项目识图相类似，具体见表 7-10。

表 7-10　其他类别图识读的基本步骤

步　骤	说　明
看标题栏	由此了解电气项目的名称、图名等有关内容，对该图的类型、作用、表达的大致内容有一个比较明确的认识和印象
看技术说明或技术要求	了解该图的设计要点、安装要求及图中未表达而需要说明的事项
看电气图形	这是识图最主要的内容，包括看懂该图的组成、各组成部分的功能、元件、工作原理、能量流或信息流的方向及各元件的连接关系等。由此对该图所表达电路的功能、工作原理有比较深入的理解

识读电气图形的关键在于必须具有一定的专业知识，并且熟练电气绘图的基本知识，熟知常用电气图形符号、文字符号和项目代号等。

7.5　弱电识图

7.5.1　识读电路图的要求

1. 要熟悉每个元器件的电路符号

电子元器件是组成各种电子线路及设备的基本单元，熟悉电子元器件的电路符号是识读电路图的基本要求。

电路符号主要包括图形符号、文字符号和回路符号 3 种。图形符号通常用于电路图或其他文件，以表示一个元器件或概念的图形、标记。文字符号是用来表示电器设备、装置和元器件种类和功能的字母代码。回路标号主要用来表示各回路的种类和特征等。

2. 根据图纸能快速查找元器件在电子设备中的具体位置

这是一个由理论到实践的过程。电路图提供了电子设备组成和工作原理的理论依据，根据电路图迅速、准确地判断出有关电路在整机结构中的部位，乃至查找到元器件的实际位置是识图电路的主要目的之一。

对电子产品的装配、检测、测试和维修人员来说，达到此项要求极为重要。在维修时，首先要根据故障现象，参考电路原理图分析出可能产生故障的部位；然后准确迅速地查找到相关部位，对有关元器件进行必要的测试；最后确认产生故障的真正原因，并设法予以排除。

3. 能够看懂方框图

方框图勾画出了电子设备组成和工作原理的大致轮廓。能够看懂方框图，是掌握整个电子设备工作原理和工作特点的基础。

对于具体电子设备及电路的识别方法，一般是由简到繁、由整体到局部逐步摸索规律。因此，要了解和掌握具体设备的电路原理必须先读懂方框图。

4. 具有一定的识别能力

一个电子设备通常是由许许多多元器件组成的单元电路所构成的。在读图过程中，还要求具有对单元电路、元器件的识别能力，即确认各单元电路的性质、功能及组成元器件。识别能力还体现在对元器件的实物识别等方面。

7.5.2　弱电识图的基本方法

任何一个电子设备，无论其电路复杂程度如何，都是由单元电路组成的。在对单元电路进行分析时，要认准"两头"，即输入端和输出端，进而分析两端口信号的演变、阻抗特性，从而达到弄清电路的作用、用途的目的。

各种功能的单元电路都有其基本组成形式。而各单元电路的不同组合，构成了不同类型的整机电路。在了解各单元电路信号变换作用的基础上，再来分析整机电路的信号流程，就能对整机电路的工作过程有一个全面的了解。弱电识图的基本方法见表7-11。

表7-11　弱电识图的基本方法

方　法	说　明
（1）化繁为简、器件为主	要一下子读懂由成千上万个元器件组成的复杂电路确有困难，只要我们遵循化繁为简、由表及里、逐级分析的识读原则，读懂、走通电路就变得容易了。 化繁为简就是将复杂电路看成由主要元器件组成的简单基本电路，而基本电路的核心又是各种电子元器件，如电路中的集成电路、放大器中的三极管、检波电路中的二极管都是对电路工作原理起主要作用的器件。所以，在分析电路时要注意把握器件为主的要领
（2）查找电源和地线	每个电子设备都少不了电源，每个电子电路的工作都需要有电源来提供能量。在识图时找到电源，不仅能了解各电子电路的供电情况，还能以此线索对电路进行静态分析。 对检修来说，通常应了解电路中各点工作电压的情况，分析时要抓住地线，并以此作为测量各点工作电压的基准
（3）功能开关、走通回路	许多电子设备中都有控制其实现多种功能的功能开关。功能开关的切换可使电子设备工作于不同的状态，在其内部形成不同的工作回路。因此，读图时必须弄清功能开关在不同位置时的电路特点、工作情况

识图能力的培养，不是一朝一夕之功所能达到的。在熟练掌握基本识图知识的基础上必须勤于学习、勇于实践，探索出行之有效的识图方法。

7.5.3 方框图的识读技巧

首先要了解该电子产品的主要作用、特点、用途和有关技术指标，然后依据方框图的特点进行识读，其识读方法有以下几种。

1. 顺着箭头读图

以输入信号为起始点，顺着箭头读图，经过中间电路直到输出端。一般为从左到右，从上到下的顺序，例如，某电源电路的方框图如图 7-18 所示。

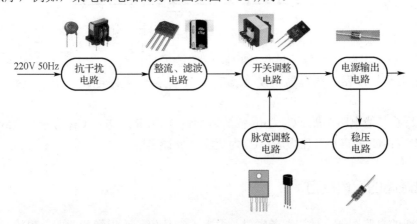

图 7-18　某电源电路的方框图

识图熟练了就可以根据需要不按照这样的顺序读图，而从中间向两边或从后向前读图。

2. 集成电路的识图

首先要了解该集成电路的内部功能，如集成电路功放 LA4140 各引脚功能见表 7-12。

表 7-12　集成电路功放 LA4140 的引脚功能及数据

脚　　号	引脚主要功能	脚　　号	引脚主要功能
1	防振电容连接端	6	音频信号输出端
2	信号输入端	7	电源电压输入端
3	输入反馈端	8	自举端
4	防振电容连接端	9	电源滤波
5	地		

在了解集成电路的内部功能后，就可以根据其功能的性质去识读该电路了。集成电路功放 LA4140 原理图如图 7-19 所示。以集成电路为中心，按功能向四周辐射读图。

（1）先看电源。电源负责电路的整个能源供给。7 脚为电源正极；5 脚为电源负极。

（2）再看输入电路。从电脑等信号源输入的音频信号，经音量电位器 RW 调节、电容 C_{14} 耦合至 IC 的第 2 引脚。其中，电容 C_{15} 为高频旁路。

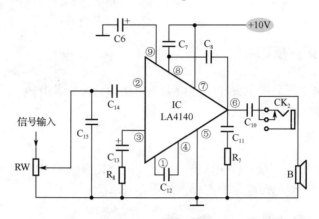

图 7-19　集成电路功放 LA4140 原理图

（3）再看输出电路。信号经过集成电路内部放大后，经中点（耦合）电容 C_{10}、耳机插座 CK_2 输出至扬声器，扬声器就发音。C_{11}、R_7 是高频旁路电路，用于改善音质，使低音丰富。

（4）最后看其他电路功能。C_6 为电源滤波电容；电阻 R_8、电容 C_{13} 为输入信号反馈电路；C_{12} 为防振电容；C_7 为自举升压电容；C_8 为交流负反馈电容。

7.5.4　电路图的识读技巧

一张普通的电路图纸，对初学者来讲，根本不知从何入手识图和读图，想找一个元器件，就如同大海捞针一样，感到有些渺茫，更何况要学习它的原理。但任何事物都具有它的规律性和普遍性，电子电路在结构和原理上也同样是大同小异的，只要我们循序渐进，依照一定的规律去学习和认识它，就会事半功倍地掌握和运用。

（1）掌握基本单元电路。然而，一张复杂的电路原理图都是由许多基本的电子电路组合而成的，我们称这些基本电子电路为单元电路。如一个三极管及其外围元件构成一个单元电路、一个集成块及外围元件构成另一个单元电路等，所以，我们在学习复杂电路之前，必须掌握好基本电路。对单元电路的组成、功能、工作原理、电路典型参数、元器件的编号、性能等要重点认识和掌握，对单元电路的直流通路、交流通路、信号流程要理解和熟练掌握。

（2）掌握耦合方式。单元电路与单元电路的连接，称为耦合。根据连接时所采用的元件不同，常有以下几种耦合方式：直接耦合、阻容耦合、变压器耦合及光电耦合等。单元电路只有通过耦合，才可组成一个个庞大的电路，才能完成传输和处理各种信号，从而了解信号的流程情况。

（3）理解每一方框图包含几个单元电路，每一方框图的主要作用是什么，处理哪些信号，这些信号有什么特点，从而达到了解这一系统的组成、原理和主要作用，进而懂得整机的工作原理。

（4）掌握各集成电路的原理、功能、引出脚功能及作用。随着电子工业的迅猛发展，集成电路的型号难以计数，对生疏的集成电路，需要查找资料，以帮助认识和了解。

技巧点拨 1：以主要元器件为中心，先主后次。

图 7-20 所示为分压式放大电路的基本组成，识读时，以三极管 VT 为中心，分别分析它的各电极供电或信号流程情况。

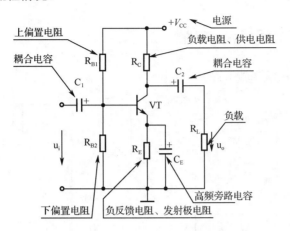

图 7-20　分压式放大电路的基本组成

VT 为三极管，起放大作用；R_{B1}、R_{B2} 分别为上、下偏置电阻，把电源分压后给三极管提供正偏；R_C 为供电电阻，为三极管提供反偏，它同时又把放大电流转换为电压，因此又称为负载电阻；R_E 为发射极电阻，又称为负反馈电阻；C_1、C_2 分别为输入、输出耦合电容；C_E 为高频旁路电容，可以提高放大电路的放大能力；V_{CC} 为电源。

信号流程：输入信号电流经电容 C_1 耦合至三极 VT 的基极，经其放大后从集电极输出，在负载电阻 R_C 上形成倒相电压，该放大电压经电容 C_2 耦合至负载 R_L。

技巧点拨 2：以输入信号为起始点，按照信号流程的方向进行识读。

图 7-21 所示是串联型稳压电源电路。识图就按照电源方框图的顺序来进行：降压（T_1）→整流（VD_{01}～VD_{04}）→滤波（C_{01}、C_{02}）→电源输出（+9.0V）→稳压（7805，VD_{05} 是保护二极管）→电源输出（+5.0V）。

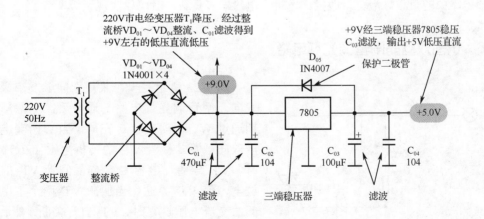

图 7-21　串联型稳压电源电路

技巧点拨 3：按各功能电路进行识读。

对单片机进行识图时，一般按照以下顺序：三个工作条件（供电、振荡、复位）→输入电路（键盘、取样、遥控、检测等）→输出电路（驱动、状态指示、保护等）。对于单片机不熟悉的功能，可查阅或参考资料来帮助认识。

7.5.5　识图照明灯晶闸管调光电路

图 7-22 所示为阻容触发晶闸管调光电路。

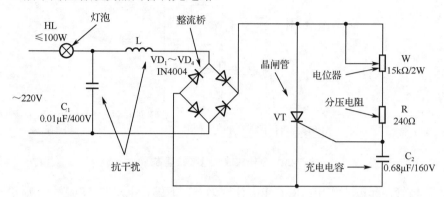

图 7-22　阻容触发晶闸管调光电路

220V 交流电经 $VD_1 \sim VD_4$ 桥式整流变成直流脉冲电压，加到晶闸管 VT 的阳极与阴极之间。W、R 与 C_2 组成触发电路，直流脉冲电压经 W、R 向电容 C_2 充电，当充至一定值时，晶闸管 VT 导通，灯泡 HL 通电发光。当加在 VT 阳极与阴极之间的脉冲电压过零时，晶闸管自然关断，电源又经 W、R 向 C_2 充电，电路重复上述过程。调节电位器 W，可以改变 C_2 的充电速率，所以，能改变晶闸管的导通角，从而使流过灯泡电流的有效值发生变化，以达到无级调光的目的。

图 7-22 中，L 与 C_1 组成抗干扰吸收电路，可以防止高次谐波串入电源回路去干扰电视机等家用电器的正常工作。

该电路中的负载灯泡可以改换成电机、电热器等负载，就可以实现无级调节。

7.5.6　识图双向晶闸管调光灯电路

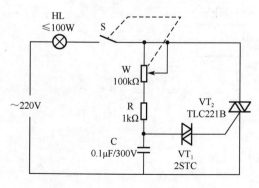

图 7-23　双向晶闸管调光灯电路

图 7-23 所示是一个采用双向触发二极管的双向晶闸管调光灯电路。通电后，电源每个周期通过 W、R 向电容 C 充电，当 C 两端电压升至双向触发二极管 VT_1 的转折电压（26～40V）时，VT_1 导通，电容 C 便向晶闸管 VT_2 的门极放电，使 VT_2 导通。当加在 VT_2 两个主电极之间的交流电压过零时，VT_2 自行关断，然后电容 C 又重新充电，重复上述过程，调节 W 可改变灯泡 HL 的亮度。

7.5.7 印制电路板图的识读技巧

印制电路板装配图的识读应配合电路原理图一起完成，其识读方法如下。

（1）首先读懂与之对应的电路原理图，找出原理图中基本构成电路的关键元器件（如集成电路、三极管、变压器等）。

6管收音机的工作原理图如图7-24所示。关键元器件如下：双连（C_1）、三极管（$BG_1\sim BG_6$）、音量电位器（K）、中周（B_1、B_2）、输出变压器（B_4）、输入变压器（B_3）、扬声器等。

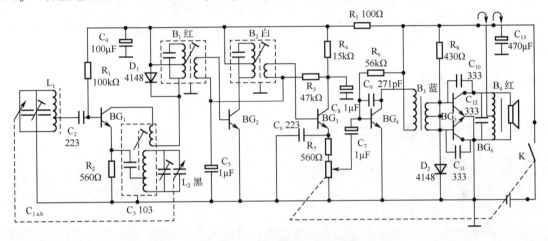

图7-24　6管收音机工作原理图

（2）在印制电路板上找出接地端。通常大面积铜箔或靠印制板四周边缘的长线铜箔为接地端。图7-24所示的印制电路板图如图7-25所示。

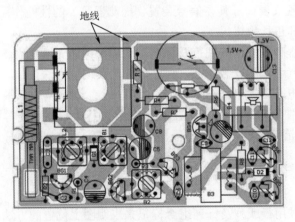

图7-25　图7-24的印制电路板图

（3）根据印制板的读图方向，结合电路的关键元器件在电路中的位置及与接地端的关系，逐步完成印制电路板组装图的识读。

例如，要查找电容C_8在印制电路板图上的位置，要先看电容C_8在原理图上的具体位置，C_6在原理图上是与关键元器件BG_3的集电极连接的，在印制电路板图上先找到BG_3，然后顺着其集电极的铜箔查找C_8，C_8就很容易找到了。查找C_8示意图如图7-26所示。

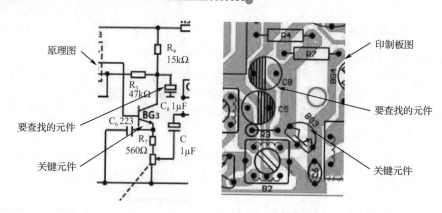

图 7-26 查找 C_8 示意图

7.6 强电识图

7.6.1 识读强电图纸应具备的知识技能

识读强电图纸应具备的知识技能如下。

（1）熟练掌握强电图形符号、文字符号、标注方法及其含义，熟悉强电电气工程制图标注、常用画法及图纸类别等。

（2）熟悉电气装置安装工程施工及验收规范、设计规范、安装工程质量验收标准及有关部委标注规范等。

（3）掌握强电配电基本知识，能看懂强电配电及弱电系统图和原理图。

（4）熟练掌握强电电气工程中常用的电气设备、元件、材料（如开关设备、继电器、接触器、导线电缆、电气仪表、灯具、信号装置、探测器等）的性能作用、工作原理、规格型号，了解其生产单位和市场价格。

（5）熟悉单位工程有关设计的规范及标准，了解设计的一般程序、内容及方法。

（6）熟悉一般电气工程的安装工艺、程序、方法及调试方法。

（7）熟悉元件在电路图上位置的表示法。

在绘制、阅读和使用电路图时，往往需要确定元器件、连接线等图形符号在电路图上的位置。通常，电气元件在电路图上的位置的表示法有 3 种：图幅分区法、表格法和电路编号法。

1. 图幅分区法

图幅分区法是一种用行或列及行列组合标记来表明图上位置的方法。如图 7-27 所示，在图的边框处，竖边方向用大写英文字母（如 A、B、C、…）标记、横边方向用阿拉伯数字（如 1、2、3、…）标记。编号顺序从左上角开始，分区数为偶数。通常对水平布置的电路，只标明行的标记，如隔离开关 QS 在 B 区；对垂直布局的电路，只标明列的标记，如按钮 SB_1 在 3 区；对比较复杂的电路图或根据实际需要用行列组合标记，如接触器 KM 的主动合触头在 B1 区、线圈在 E3 区、辅助动合触头在 D3 区等。

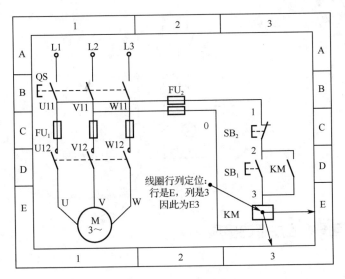

图 7-27　图幅分区法

2. 表格法

对于项目种类较少而同类项目数量较多的电路图，可在图的边缘部分绘制一个按项目代号进行分类的表格，如图 7-28 所示。表格中的项目代号应在垂直方向或水平方向与图中相应的导通符号对齐，在图形符号旁仍需标注项目代号。

晶体管	VT_{047}		VD_{065}	VT_{049}
电阻	R_{048}	R_{064}　R_{063}	R_{062}　R_{065}	
电容	C_{001} C_{048}	C_{003}　C_{064}		
滤波器				Z100

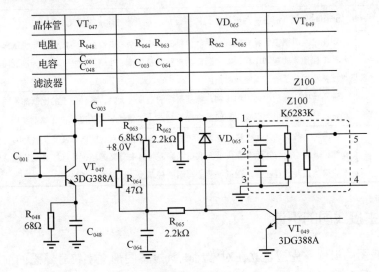

图 7-28　表格法

3. 电路编号法

电路编号法是一种用阿拉伯数字来表示各支路项目位置的方法，如图 7-29 所示。电路编号按从左到右或自上而下的顺序排列。

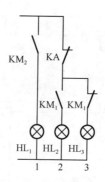

图 7-29　电路编号法

7.6.2　识读强电图纸应注意的事项

识读强电图纸的注意事项见表 7-13。

表 7-13　识读强电图纸的注意事项

概　括	内　容
应精细	读图切忌粗糙，应精细，必须掌握一定的内容，了解工程的概况，做到心中有数
要做好记录	做好识图记录，一方面可以帮助记忆，另一方面为了便于携带，以便随时查阅
忌杂乱无章	一般应按房号、回路、车间、某一子系统、某一子项为单位，按识图程序阅读
了解图形符号	识图时必须弄清各种图形符号和文字符号，弄清各种标注的意义
掌握电气设备的特点	识图时，对图中所有设备、元件、材料的规格、型号、数量、备注要求准确掌握。其中材料的数量要按工程预算的规划计算，图中列出的材料数量只是一个估算数，不以此为准。同时手头应有常用电气设备及材料手册，以便及时查阅
应注意比例	识图时应注意图中采用的比例，特别是图的数量较大时，各种图上的比例都不同，否则对编制预算和材料单将会有很大影响。导线、电缆、管路、防雷线等以长度单位计算都要用到比例
跨行共识	识图时，凡遇到涉及土建、设备、暖通、空调等其他专业的问题，要及时翻阅对应专业的图纸，除详细记录外，应与其他专业负责人取得联系，对其中交叉跨越、并行打架或其他需要互相配合的问题要取得共识，并且在会审图纸纪要上写明责任范围，以便共同遵守

7.6.3　电气主接线图的识读

电气主接线图的识读首先应建立在对常用电气设备图形文字符号熟悉的前提下。一张电气主接线图中，同一类电气元件（设备）一般用相同规格的电气图形符号表示。其完整的识读一般应遵循表 7-14 中的内容。

表 7-14　完整识读一般应遵循的内容

序　号	内　容
（1）看整体	了解变配电所的整体情况，如变配电所的总容量、在系统中的地位和作用，变配电所的类型等
（2）看局部	了解各主要功能单元的设置情况，如各电气间隔的名称、用途、数量、设备组成等

续表

序　号	内　容
（3）看单个电气设备	了解每一个（类）电气设备（元件）的名称、作用、型号、技术参数等，主要包括： ① 识读变压器的基本情况：变压器的台数、绕组个数、电压等级、额定容量、连接组别、调压方式、中性点运行方式等。 ② 识读母线的接线情况：明确各个电压等级的主接线基本形式，各侧母线设置情况及接线形式，是单母线还是双母线，母线是否分段等。 ③ 识读开关设备的配置情况：明确断路器、隔离开关、负荷开关、低压刀熔开关、熔断器等的型号、作用、数量等，检查各路进线和出线上是否配置了开关设备，配置是否合理，是否能够保证系统的运行和检修。 ④ 识读互感器的配置情况：明确互感器的类型、型号、作用等，检查互感器的配置是否能够满足其所在功能单元对保护或测量的需要。 ⑤ 识读避雷器的配置情况：明确避雷器的型号、作用等
（4）再看整体	按主接线的基本要求，从安全性、可靠性、经济性和灵活性4个方面对电气主接线进行分析，得出综合评价
（5）总结	识读电气主接线图时，根据实际情况的不同，（2）和（3）可以分开进行，也可以合并进行。电气主接线图的熟练识读不是一朝一夕能够做到的，必须通过大量的案例多练习、多实践、勤总结，才能找到规律，准确快速地识读

图 7-30 所示为某 10kV 配电所的电气主接线图，它是按照电能输送的顺序依次绘出各电气设备来反映其相互连接顺序的一种电气简图。下面按照从上到下、从左至右的顺序，按照先熟悉电气图形符号，再看主要设备构成；按照先整体，后局部，再整体的思路对其进行识读。

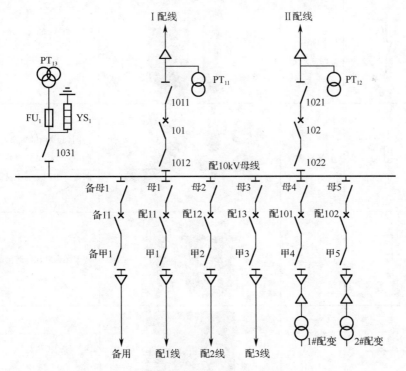

图 7-30　某 10kV 配电所的电气主接线图

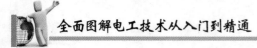

1. 需要了解识读图中各电气图形符号所代表的电气设备

图 7-30 中各电气图形符号对应的电气设备见表 7-15。

表 7-15　图 7-30 中各电气图形符号对应的电气设备

序号	电气图形符号	对应设备名称	设备实物参考	备　注
1		电缆线路	电缆线路　　电缆截面	图形符号中，第 1 个表示三角以上部分均为电缆；第 2 个表示三角以下部分均为电缆；第 3 个表示两个三角之间部分为电缆
2		双绕组电压互感器		电压互感器的作用是将一次侧的高电压变换为标准的低电压 100V，供计量、保护等二次设备使用
3		隔离开关（固定式）		工程实际中又称"刀闸"
4		断路器（固定式）		工程实际中又称"开关"，图片为固定式 10kV 户内型真空断路器
5		熔断器	（a）　　　　（b）	图（a）为 10kV 户内型高压熔断器；图（b）为 10kV 户外型高压跌落式熔断器，工程实际中又称其为"令克"
6		避雷器		本图为氧化锌避雷器
7		母线		又称"汇流排"

续表

序号	电气图形符号	对应设备名称	设备实物参考	备 注
8		三绕组电压互感器		三相五柱式电压互感器
9		所用变压器		10kV 油浸式电力变压器

2. 看整体

图 7-30 所示为一个 10kV 配电所，该配电所共汇集两回 10kV 电缆线路电源进线，无主变压器，汇流母线采用单母线接线，共为 3 路负荷分配电能，进出线均为电缆线路，故该配电所是一座位于配电线路末端的户内小型公配所。

3. 看局部

1）电源进线

该变电所共有两回 10kV 电缆线路电源进线，分别为 I 配线和 II 配线。两回电源进线可以一回为工作电源，另一回为备用电源，也可以同时工作、互为备用。

由图 7-30 可知，两回电源进线在结构组成上完全对称，每回电源进线中所连接的高压电气设备依次有电缆、电压互感器（分别为 PT_{11}、PT_{12}）、电源侧隔离开关（分别为 1011、1021）、高压断路器（分别为 101、102）、母线侧隔离开关（分别为 1012、1022）。

其中，101 和 102 高压断路器分别起进线控制的作用，4 台高压隔离开关 1011、1012、1021、1022 主要用来配合断路器进行倒闸操作，同时可在电路中形成一个明显的断开点，起隔离电压的作用。双绕组电压互感器装于进线侧，可以测量显示进线电压，也可与电流互感器配合进行电能计量。

2）母线

该配电所没有主变压器，只有一组 10kV 母线，采用单母线接线形式。

3）配电出线

该配电所共有 7 回配电出线，采用放射式接于 10kV 母线上，各回出线可独立运行，互不影响。其中 1 回为母线保护支路，1 回为备用配电出线，3 回为负荷配电出线，2 回为所用变压器配电支路。

母线保护支路接用的电气设备分别有隔离开关（1031）、10kV 高压熔断器（FU_1）、避雷器（YS_1）和三绕组电压互感器（PT_{13}）。其中隔离开关的作用为倒闸操作和隔离电源，高压熔断器主要对电压互感器进行短路保护与过负荷保护，电压互感器采用三绕组 $Y_0/y_0/\triangle$ 的接线形式，一方面，可以测量、监视母线电压；另一方面，当母线出现不对称短路故障时，△接线的辅助绕组端口会感应出100V的电压，启动电压保护，切断短路故障。

备用配电出线和负荷配电出线的设备构成相同，依次为母线侧隔离开关（备母1、母1、母2、母3）、出线断路器（备11、配11、配12、配13）、出线侧隔离开关（备甲1、甲1、甲2、甲3）、电缆出线。断路器与隔离开关配合，可以控制配电出线的通、断，也可以进行配电出线设备或线路的安全检修。

所用变配电支路则分别通过一组母线侧隔离开关（母4、母5）、控制断路器（配101、配102）和一组出线侧隔离开关（甲4、甲5）接至所用变压器（1#配变、2#配变）。所用变压器将10kV电压变换为220/380V的电压，主要用于保障本配电所的生产和生活用电。

4. 再看整体

该配电所有两回电源进线，配电母线为单母线接线，故任一回电源进线发生故障或停电检修时，通过倒闸操作切换，可迅速恢复供电；但当母线故障或停电检修时，会造成全所停电。因此，该配电所的供电可靠性和运行灵活性都不够高，仅可供三级负荷。

7.6.4 电气控制电路识图要点及方法

1. 电气控制电路识图要点

掌握电气控制元器件的结构、工作原理是识图的重点。继电器、接触器及中间继电器的线圈一旦得电，就会带动衔铁吸合，使它们的主、辅触点做相反的变化（原来接通的现在断开，原来断开的现在接通），去接通或断开主电路及其他电路实现控制。而时间继电器，线圈得电后，其常开、常闭触点不是马上接通或断开，而是要延时一段时间才接通或断开电路，延时时间的长短是可以调整的。只要掌握这些元器件特点，其控制电路就很容易理解和看懂了。

电气控制电路分主电路（一次电路）和辅助电路（二次电路、控制电路）。主电路一般用粗实线画在图纸的上方或左方，它与三相电源相连，连接负载，允许通过大电流，受辅助电路的直接控制；辅助电路是通过较弱电流控制的，用细实线画在图纸的下方或右方，控制主电路的动作。

2. 电气控制电路图纸的识读程序

除应了解建筑电气工程图的特点外，还应该按照一定顺序阅读电气控制电路图，才能比较迅速全面地读懂图纸，以完全实现识图的意图和目的。

电气控制电路图纸的识读程序见表7-16。

表7-16 电气控制电路图纸的识读程序

看标题栏及图纸目录	了解工程名称、项目内容、设计日期及图纸数量和内容等
看总说明	了解工程总体概况及设计依据，了解图纸中未能表达清楚的各有关事项，如供电电源的来源、电压等级、线路敷设方法、设备安装高度及安装方式、补充使用的非国标图形符号、施工时应注意的事项等。有些分项局部问题是在各分项工程的图纸上说明的，看分项工程图纸时，也要先看设计说明

续表

看系统图	各分项工程的图纸中包含系统图，如照明工程的照明系统图及电视电缆系统图等。看系统图的目的是了解系统的基本组成、主要电气设备、元件等连接关系及它们的规格、型号、参数等，掌握该系统的基本概况
看平面布置图	平面布置图是电气工程图纸中的重要图纸之一，如电力平面图、照明平面图及接地平面图等，都是用来表示设备安装位置、线路敷设方法及所用导线的型号、规格、数量、管径大小等。通过识读系统图，了解了系统组成概况之后，就可以依据平面图编制工程预算和施工方案，并组织施工了。所以，对平面图必须熟读，对于施工经验还不太丰富的初学者，有必要在识读平面图时，选择识读相应内容的安装大样图
看电路图和接线图	了解各系统中用电设备的电气自动控制原理，用来指导设备的安装和控制系统的调试工作，因电路图多是采用功能图绘制的，看图时应依据功能关系从上至下或从左至右一个回路、一个回路地识读。若能熟悉电路中各电器的性能和特点，对识读图纸将是一个极大的帮助。在进行控制系统的配线和调校工作中，还可配合识读接线图和端子图
看安装大样图	安装大样图是按照机械制图方法绘制的，是详细表示设备安装方法的图纸，也是用来指导安装施工和编制工程材料计划的重要图纸。特别是对于初学者更显重要，甚至可以说是不可缺少的。安装大样图常常采用全国通用电气装配标准图集
看设备材料表	设备材料表提供了该工程使用的设备、材料的型号、规格和数量，是编制购置主要设备、材料计划的重要依据之一

识图图纸的顺序没有统一的规定，可以根据需要，自己灵活掌握，并应有所侧重，有时一张图纸可反复阅读多遍。为更好地利用图纸指导施工，使安装质量符合要求，识读图纸时，还应配合阅读有关施工及验收规范、质量检验评定标准，以及全国通用电气装配标准图集，以详细了解安装技术要求及具体安装方法等。

在看电气照明工程图时，先要了解建筑物的整体结构、楼板、墙面、棚顶材料结构、门窗位置、房间布置等，在分析照明工程时要掌握以下内容：

（1）进线回路编号、进线线制（三相五线、三相四线、单相两线制）、进线方式、导线电缆及穿管的规格型号。

（2）照明配电箱的型号、数量、安装标高、配电箱的电气系统。

（3）照明线路的配线方式、敷设位置、线路走向、导线型号、规格及根数。

（4）灯具的类型、功率、安装位置、安装方式及安装高度。

（5）开关的类型、安装位置、离地高度、控制方式。

（6）插座及其他电器的类型、容量、安装位置、安装高度等。

有时图纸标注是不齐全的，施工者可以依据施工及验收规范进行安装。

3. 识读图纸的方法

在识读图纸的方法上，可采取先粗读，后细读，再精读的步骤。

粗读就是先将图纸从头到尾大概浏览一遍，主要了解工程的概况，做到心中有数。此外，主要是阅读电气总平面图、电气系统图、设备材料表和设计说明。

细读就是按照识图程序和要点仔细阅读每一张施工图，有时一张图纸需反复阅读多遍。为更好地利用图纸指导施工，使之安装质量符合要求，应对以下内容了如指掌。

（1）每台设备和元件安装位置及要求。

（2）每条管线揽走向、布置及敷设要求。

（3）所有线缆连接部位及接线要求。

（4）所有控制、调节、信号、报警工作原理及参数。

（5）系统图、平面图及关联图样标注一致，无差错。

（6）系统层次清楚、关联部位或复杂部位清楚。

精读就是将图纸中的关键部位及设备、元件、复杂控制装置的施工图重新仔细阅读，系统掌握中心作业内容和施工图要求，做到胸有成竹、滴水不漏。

第8章

灯开关的接线技术及电路

8.1 一开开关的接线

8.1.1 一开单控开关接线

一开单控开关原理图及接线图如图8-1所示。

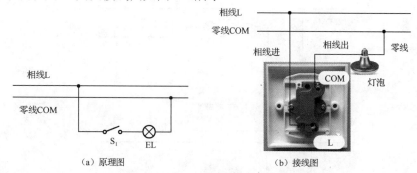

（a）原理图　　　（b）接线图

图 8-1　一开单控开关原理图及接线图

8.1.2 一开五孔单控开关接线

一开五孔单控开关原理图及接线图如图8-2所示。

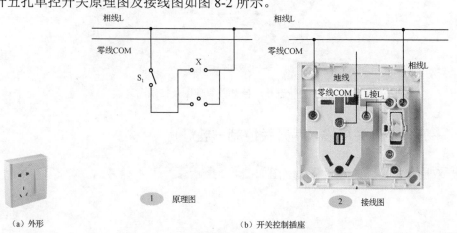

（a）外形　　　　　（b）开关控制插座

图 8-2　一开五孔单控开关原理图及接线图

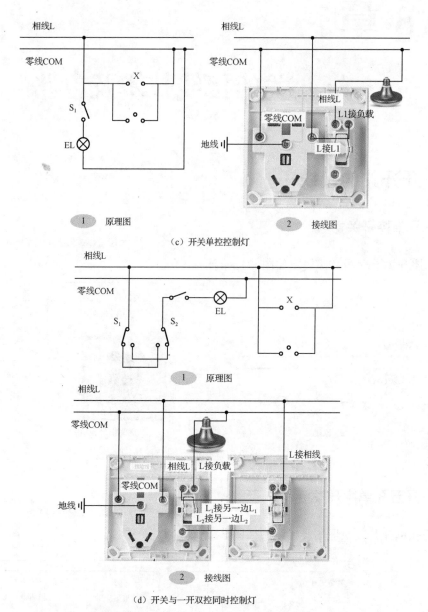

（c）开关单控制灯

（d）开关与一开双控同时控制灯

图 8-2　一开五孔单控开关原理图及接线图（续）

8.1.3　一开双控开关接线（两开关控制一盏灯）

一开双控开关接线原理图及接线图如图 8-3 所示。

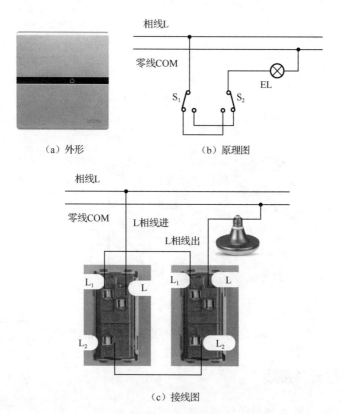

图 8-3 一开双控开关接线原理图及接线图

8.2 二开开关的接线

8.2.1 二开五孔单控开关插座接线

二开五孔单控开关插座接线原理图及接线图如图 8-4 所示.

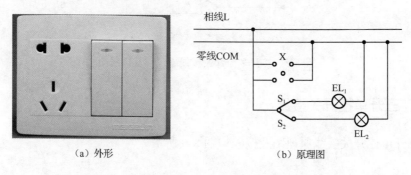

图 8-4 二开五孔单控开关插座接线原理图及接线图

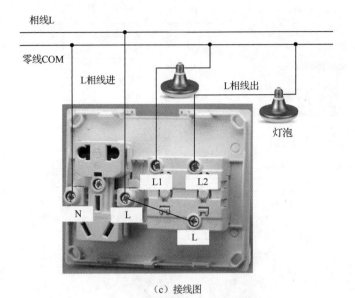

（c）接线图

图 8-4　二开五孔单控开关插座接线原理图及接线图（续）

8.2.2　二开多控开关接线

二开多控开关接线原理图及接线图如图 8-5 所示。

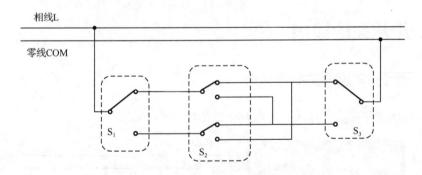

图 8-5　二开多控开关接线原理图及接线图

8.2.3　二/三开单控开关接线

二开/三开单控开关接线原理图及接线如图 8-6 所示。

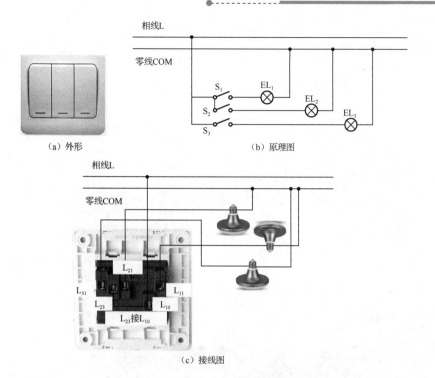

（a）外形

（b）原理图

（c）接线图

图 8-6　二开/三开单控开关接线原理图

8.2.4　三开单控开关接线

三开单控开关接线原理图及接线图如图 8-7 所示。

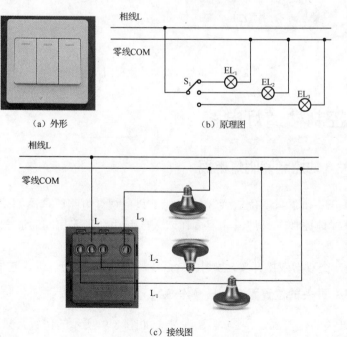

（a）外形

（b）原理图

（c）接线图

图 8-7　三开单控开关接线原理图及接线图

8.2.5 四开单控开关接线

四开单控开关接线原理图及接线图如图 8-8 所示。

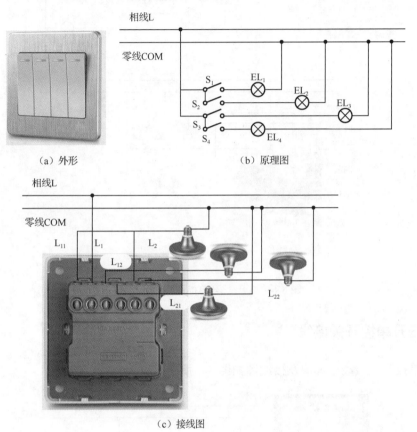

（a）外形　　　　　　　　（b）原理图

（c）接线图

图 8-8　四开单控开关接线原理图及接线图

8.3　多路控制楼道灯电路

8.3.1　多开关 3 地控制照明灯电路

用 2 只双联开关和 1 只两位双联 3 地控制 1 只白炽灯电路原理图如图 8-9 所示。这种控制电路适用于在 3 地控制 1 只灯，如需要在双人床两边和进入房间通道 3 处共同控制房间的同 1 只照明灯等。

图 8-9 中是一个双刀双掷开关，其中 SA_{2-1} 为一组，SA_{2-2} 为一组，它们是同步切换的。

1. SA_1、SA_2 开关的位置固定，只操作 SA_3

SA_1、SA_2 开关的位置固定，SA_1、SA_2 处于如图 8-9 所示的位置，只操作 SA_3，当 SA_3 置于 2 位置时，灯点亮；当 SA_3 置于 1 位置时，灯熄灭。

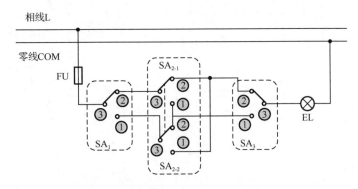

图8-9　3地控制1只白炽灯电路原理图

SA₁、SA₂开关的位置固定，SA₁、SA₂处于如图8-10所示的位置，只操作SA₃，当SA₃置于1位置时，灯点亮；当SA₃置于2位置时，灯熄灭。

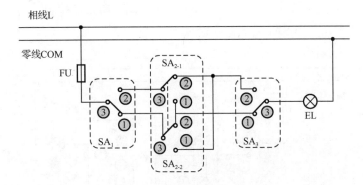

图8-10　SA3工作状态原理之一

SA₁、SA₂开关的位置固定，SA₁、SA₂处于如图8-11所示的位置，只操作SA₃，当SA₃置于1位置时，灯点亮；当SA₃置于2位置时，灯熄灭。

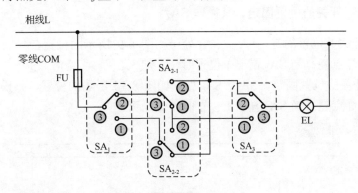

图8-11　SA₃工作状态原理之二

2. SA₂、SA₃开关的位置固定，只操作SA₁

SA₂、SA₃开关的位置固定，SA₂、SA₃处于如图8-9所示的位置，只操作SA₁，当SA₁置于2位置时，灯点亮；当SA₁置于1位置时，灯熄灭。

SA₂、SA₃开关的位置固定，SA₂、SA₃处于如图8-12所示的位置，只操作SA₁，当SA₁置于1位置时，灯点亮；当SA₁置于2位置时，灯熄灭。

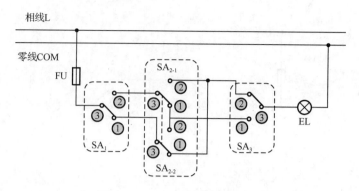

图 8-12　SA$_1$ 工作状态原理之一

　　SA$_2$、SA$_3$ 开关的位置固定，SA$_2$、SA$_3$ 处于如图 8-9 所示的位置，只操作 SA$_1$，当 SA$_1$ 置于 2 位置时，灯点亮；当 SA$_1$ 置于 1 位置时，灯熄灭。

　　SA$_2$、SA$_3$ 开关的位置固定，SA$_2$、SA$_3$ 处于如图 8-13 所示的位置，只操作 SA$_1$，当 SA$_1$ 置于 2 位置时，灯点亮；当 SA$_1$ 置于 1 位置时，灯熄灭。

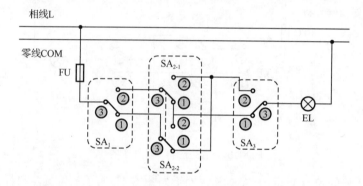

图 8-13　SA$_1$ 工作状态原理之二

3. SA$_1$、SA$_3$ 开关的位置固定，只操作 SA$_2$

　　SA$_1$、SA$_3$ 开关的位置固定，SA$_1$、SA$_3$ 处于如图 8-9 所示的位置，只操作 SA$_2$，当 SA$_2$ 置于 2 位置时，灯点亮；当 SA$_2$ 置于 1 位置时，灯熄灭。

　　SA$_1$、SA$_3$ 开关的位置固定，SA$_1$、SA$_3$ 处于如图 8-14 所示的位置，只操作 SA$_2$，当 SA$_2$ 置于 2 位置时，灯点亮；当 SA$_2$ 置于 1 位置时，灯熄灭。

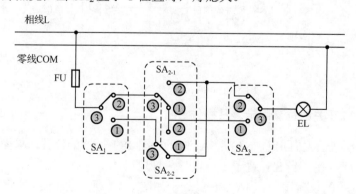

图 8-14　SA$_2$ 工作状态原理之一

8.3.2　多路控制楼道灯电路

只要在图 8-9 所示电路中的两位双联开关后面再增加一只两位双联开关，就构成了一个四地控制电路，多地同时独立控制一只灯的电路，如图 8-15 所示。工作原理不再分析，有兴趣的读者可以自行分析。

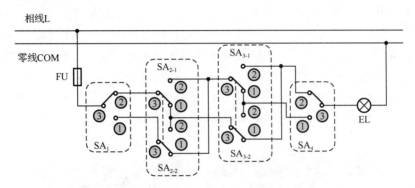

图 8-15　多路控制楼道灯电路图

五地以上多路控制一只灯的电路可以在图 8-15 的基础上增加两位双联开关。

8.4　日光灯电气线路

8.4.1　日光灯分类

日光灯按启动线路方式分有预热式、快速启动式和冷阴极瞬时启动式；按功率分有标准型、高功率型和超高功率型；按形状分有直管型、环型和紧凑型，其中紧凑型又可分为2U、3U、H 和双Ⅱ型；按所采用的整流器分有电感整流器（镇流器）和电子整流器；直管型荧光灯管按光色分，有三基色荧光灯管、冷白日光色荧光灯管和暖白日光色荧光灯管；按功率分有 5W、7W、9W、11W、13W、15W、18W 等规格。按照灯管直径分类，常有 T_4、T_5、T_8、T_{10}、T_{12} 五种，T_5 直径为 15mm、T_8 直径为 25mm、T_{10} 直径为 32mm、T_{12} 直径为 38mm。几种荧光灯的外形如图 8-16 所示。

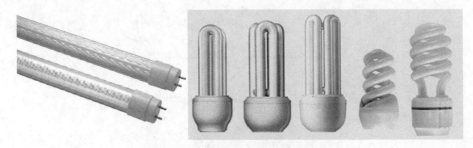

图 8-16　几种荧光灯的外形

8.4.2 镇流器式日光灯工作原理

镇流器式日光灯不能单独使用，必须与镇流器、启辉器或电子线路等配合使用。

启辉器的外形结构如图 8-17（a）所示。在圆筒外壳的两个电极上并接着一个无极性电容（容量为 0.005～0.02μF）和一个引出两极的玻璃泡（氖泡），玻璃泡内装有一个 U 形双金属片，泡内充入惰性气体。启辉器的作用如下：在双金属片与接触电极断开的瞬间，借助镇流器的作用，点亮荧光灯。无极性电容的作用如下：防止启辉器在闭合、断开时所产生的高频电流和辐射对附近无线电设备的干扰；其与镇流器所形成的振荡回路可以延迟阴极预热时间和脉冲时间，有利于启动，同时还能提高电路的功率因数。

镇流器的外形结构如图 8-17（b）所示。它的构造较简单，是把具有一定匝数的线圈插入铁芯并用铁壳封装起来。镇流器的作用是启动灯管和限流。

（a）启辉器的外形结构

（b）镇流器的外形结构

图 8-17　启辉器与镇流器的外形结构

整流器式荧光灯的工作原理图如图 8-18 所示。

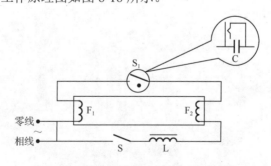

图 8-18　整流器式荧光灯的工作原理图

当把开关 S 闭合时，220V 的交流电加到镇流器、荧光管灯丝和启辉器 S_1 串联的电路两端。此时，加在灯管两端的电源电压不足以使灯管启动，但能使启辉器中的氖泡发光放电。

辉光放电产生大量的热能，使 U 形双金属片很快受热向外张开，与杆形固定电极接触，从而接通电路。此时电流的通路如下：电源火线→开关 S→镇流器→灯丝 F_2→启辉器 S_1→灯丝 F_1→零线。这个电流称为启动电流。

　　灯丝在启动电流下加热，温度迅速升高，同时产生大量的电子发射。当启辉器两个电极闭合后，辉光放电消失，电极很快冷却，双金属片由于冷却而恢复原状，与杆状固定电极断开。当启辉器突然切断灯丝的预热回路时，镇流器上产生一个很高的感应电动势（800～1500V），再加上电源电压，一起加在灯管两端，使灯丝发射的电子加速运动，进而使汞原子激发和电离，这样灯就被点亮启动了。

　　灯管启动后，持续的电流局限在灯管内，此时灯管两端的电压降到低于氖泡启辉电压（约140V），所以，启辉器在灯管点亮后就不再起作用了。

8.4.3　电子式日光灯工作原理

　　电子式荧光灯电路原理图如图 8-19 所示，其工作原理如下：

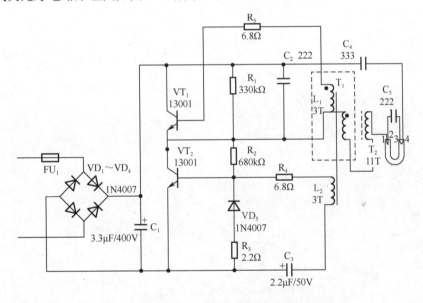

图 8-19　电子式荧光灯电路原理图

　　220V 市电经 VD_1～VD_4 全波整流、C_1 滤波后，得到 300V 左右的直流电压。

　　启动电路由 R_1、R_2 组成。整流后的直流电经过 R_1、R_2 分压，给三极管 VT_2 基极供电，使 VT_2 导通后迅速达到饱和导通状态。

　　高频自激振荡电路由 VT_1、VT_2 及 T_1 等组成，当 VT_2 导通时，高频变压器初级线圈 L_2 中有电流经过，由于互感作用，L_1 中便感应出一个自感电动势，迫使 VT_2 截止，而线圈 L_1 中感应出上正下负的自感电动势使 VT_1 导通，这时 C_4、C_5 被充电。

　　由于高频变压器的互感作用，又促使 VT_2 导通、VT_1 截止，这样 VT_1、VT_2 在高频变压器控制下周而复始地导通、截止，形成高频振荡，使灯管得到高频高压供电。

　　灯管启辉后，其内阻急剧下降，该内阻并联于 C_5 两端，使 T_2、C_5 串联谐振电路处于失谐状态。故 C_5 两端（即灯管两端）的高启辉电压下降为正常工作电压，维持灯管正常发光。

电子式荧光灯的电路板可以独立一体，再通过连接线与荧光灯连接，如图 8-20（a）所示；也可以与荧光灯灯头混为一体，如图 8-20（b）所示。

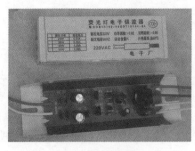

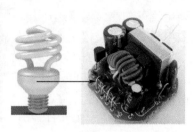

（a）电路板独立　　　　　　　　　（b）与电路板一体

图 8-20　电子式荧光灯电路板

第 9 章

电动机控制技术

9.1 电动机控制系统电气图

9.1.1 常用电动机控制电气图

常用电动机控制电气图主要有电路图、安装接线图和平面图等，在生产当中，这 3 种图纸常常要结合起来使用。

1. 电路图

电动机控制电路图一般采用电气元件展开的形式绘制而成，它主要包括系统中所有电气元件的导电部件和接线端点，反映了电器之间的连接关系。电路图主要用于诠释系统工作原理，指导系统或设备的安装、调试及维修。

电路图和接线图的主要区别在于：电路图描述的电气元件连接关系仅是其功能关系，而不是实际的连接导线。电动机控制电路示例如图 9-1 所示。

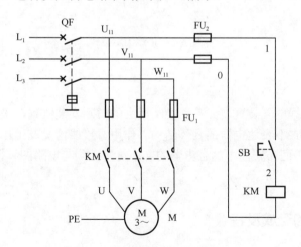

图 9-1　电动机控制电路示例

2. 接线图

接线图及安装接线图按照电气元件的实际情况布置位置和接线（但不明显表示电气动作

原理），是电气装备进行施工配线、敷设和校对工作时所应依据的图样之一。接线图可以清楚地表明元件的安装位置和布线情况，如图 9-2 所示。接线图便于施工安装，所以，在施工现场得到了广泛的应用。

接线图上应反映控制柜内、外各电器之间的连接，其回路标号是电气设备之间、电气元件之间、导线与导线之间的连接标记，它的图形符号、文字符号和回路标记均应与电路图中的标号一致。

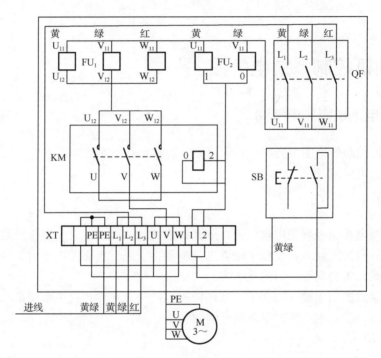

图 9-2　接线图示例

3. 平面布置图

平面布置图是根据电气装置、元件在控制板上的实际安装位置，采用简化的外形符号绘制而成的一种简图，它不表达电器的具体结构、作用、接线情况及工作原理，主要用于电器元件的布置和安装。平面布置图中的各电器的文字符号必须与电路图和接线图的标注相一致。平面布置示意图如图 9-3 所示。

9.1.2　控制电路的组成及特点

电动机控制电路图一般由 3 部分组成，即电源电路、主电路和控制电路，其组成如图9-4 所示，各组成部分的作用及特点见表 9-1。

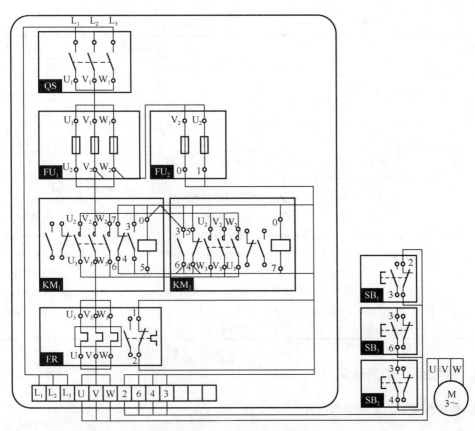

图 9-3　平面布置示意图

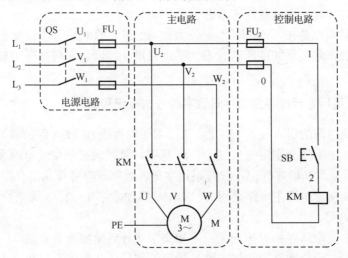

图 9-4　电动机控制电路的组成

表 9-1　电动机控制电路各组成部分的作用及特点

电　路	作　用	电流特点	电路画法
电源电路，又称开关电路	其为主电路、控制电路和用电器提供总电源。 图 9-4 中的三相电源开关 QS、三相熔断器 FU₁ 是电源电路	电流大	习惯上画成水平线，依相序自上而下或从左至右画出，电源开关水平画出

电 路	作 用	电流特点	电路画法
主电路，又称一次电路	电气控制电路中负载电流通过的电路，即从电源到电动机的大电流通过的电路。 图9-4中的主电路电流是从三相交流电源开始依次经过三相电源开关 QS→三相熔断器 FU₁→接触器 KM 的主触点→电动机 M 绕组	电流大	习惯上用粗实线画在图纸的左边或上部
控制电路，又称辅助电路	凡是控制主电路通断或监视和保护主电路正常工作的电路均称为控制电路或辅助电路。 控制电路包括保护电路、各种联锁电路、信号报警电路等，有些还含有局部照明电路。控制电路由继电器和接触器的线圈、继电器的触点、接触器的辅助触点、按钮、照明灯、信号灯、报警铃、控制变压器等电气元件组成。由控制电路给电源电路发出动作指令信号。 图9-4中的控制电路如下：三相交流电中的 U₂ 相→熔断器 FU₂ →启动/停止按钮 SB→交流接触器的触点→交流接触器 KM 的线圈→熔断器 FU₂→三相交流电源中的除 U₂ 外的任意一相	电流回路多，但电流小，一般不超过5A	习惯上用细实线画在图纸的右边或下部 画控制线路原理图的原则如下：①同一电器的各部件分散画时，标注同一文字符号；②所有电器的触头所处状态均按未受外力作用或未通电情况下的状态画出

9.1.3　控制电路图的规定

1. 电气原理图的电气常态位置

在识读电气原理图时，一定要注意，图中所有电器元件的可动部分通常表示的是在电器非激励或不工作时的状态和位置，即常态位置。

所有电气的触头都是按不通电、不受外力作用的断、合状态画出。如带电磁线圈的电器按线圈未通电时画出触头系统的断合状态。手动或机动控制装置应画于手动或机动前的零位状态。

2. 接线端子用国家标准规定的字母数字符号来标记和编号

（1）三相交流电源的引入线用 L_1、L_2、L_3、N（中性线）、PE（保护线）标记，直流系统电源正极、负极、中间线分别用 L+、L- 与 M 标记。负载端三相交流电源及三相动力电器的引出线分别按 U、V、W 顺序标记。线路采用字母、数字、符号及其组合形式标记。

（2）分级三相交流电源主电路采用 U、V、W 后加数字 1、2、3 等来标记，如 U_1、V_1、W_1 及 U_2、V_2、W_2 等。

（3）电动机分支电路各接点标记采用三相文字代号后面加数字来表示，数字中的个位数字表示电动机代号，十位数字表示该支路各接点的代号，从上到下按数字大小顺序标记。例如，U_{11} 表示 M_1 电动机 L_1 相的第一个接点代号，U_{21} 表示 M_1 电动机 L_1 相的第二个接点代号，以此类推。电动机绕组首端分别用 U、V、W 标记，尾端分别用 U′、V′、W′ 标记，双绕组的中点用 U″、V″、W″ 标记。

（4）控制电路采用阿拉伯数字编号，一般由 3 位或 3 位以下的数字组成。在垂直绘制的电路中，标号顺序一般自上而下编号；在水平绘制的电路中，标号顺序一般由左至右编号。标记的原则如下：凡是被线圈、绕组、触点或电阻、电容等电气元件所隔开的线段，都应标以不同的线路标记（编号）。

9.1.4 电气图的表示方法

1. 连接线的表示方法

按照电路图中连接线数量的不同，连接线的绘制可分为多线表示法、单线表示法和混合表示法 3 种。

每根连接线都单独用一条图线表示的方法，称为多线表示法。多线表示法一般用于表示各相或各线内容的不对称和要详细表示各相或各线具体方法的场合。

图 9-5（a）所示为多线表示法，该图是串阻抗降压启动电路，采用多线表示法。

用一条图线表示两根或两根以上（大多是表示三相系统的三根）连接线的方法，称为单线表示法。单线表示法易于绘制，清晰易读。它应用于三相或多线对称或基本对称的场合。

图 9-5（b）所示为图 9-5（a）的单线表示法。常用这种方法对部分应用在图中注释。

在一个图中，一部分采用多线表示法，一部分采用单线表示法，称为混合表示法。图 9-5（c）所示为图 9-5（a）的混合表示。为表示阻抗的连接情况，该图用了多线表示法；其余的熔断器、接触器等都是三相对称，采用单线表示法。

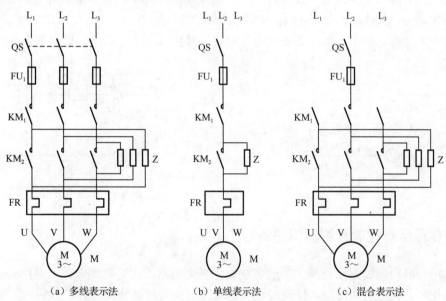

（a）多线表示法　　　（b）单线表示法　　　（c）混合表示法

图 9-5　连接线的表示方法

2. 电气元件的基本表示方法

一个元件在电气图中完整图形符号的表示方法有集中表示法、分开表示法和半集中表示法。

1）集中表示法

集中表示法是把成套装置中一个项目各组成部分的图形符号在简图上绘制在一起的方法。它一般适用于简单的电气图，图 9-6 所示是集中表示法。

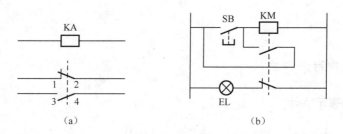

图 9-6 集中表示法

2）分开表示法

分开表示法又称为展开表示法。它是把同一项目中不同部分的图形符号在简图上按不同功能和不同回路分开表示的方法。不同部分的图形符号用同一项目代号表示，图 9-7 所示为图 9-6 的分开表示法。

由于分开表示法省去了图中各组成部分的机械连接线，查找各组成部分就比较困难，为了便于寻找其在图中的位置，分开表示法可与半集中表示法结合起来，或采用插图、表格来表示各部分的位置。

3）半集中表示法

为了使设备和装置的道路布局清晰，易于识别，把同一个项目中某些部分的图形符号在简图上集中表示，其他部分分开布置，并用机械连接符号（虚线）表示它们之间关系的方法，称为半集中表示法。其中，机械连接线可以弯折、分支或交叉。图 9-8 所示为图 9-6（b）的半集中表示法。

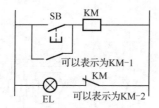

图 9-7 分开表示法

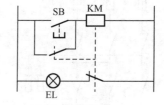

图 9-8 半集中表示法

9.1.5 低压电器控制线路图识图的方法

识读电动机控制线路原理图的一般方法是先看主电路，再看控制电路，并根据控制电路各小回路控制元件的动作情况，研究控制电路对主电路的控制情况。

1. 电动机控制线路图的识读方法

识读电动机控制线路图包括如下 3 个步骤。

（1）明确控制对象和控制方法。明确控制对象、控制目的、控制方法及保护元件，了解被控设备的基本结构、运动形式、生产或加工工艺过程、操作方法及有哪些保护等。有些控制线路还涉及机、电、液的联合控制，阅读时应注意。

（2）弄清线路组成。控制线路原理图一般分为主电路和控制电路两大部分。阅读时，首先看主电路，然后看控制电流，最后看保护、信号等电路。

（3）全面分析线路的工作原理。在阅读控制线路前，必须知道电气原理图中有关元器件状态的规定和图中的代号及编号的规定。阅读时，可以逐步分析各个基本环节，先简单后复杂，先局部后全面，最终综合起来，掌握其全部的工作原理。

2. 识读主电路

（1）从用电负载识读。用电负载所在的电路是主电路，如电动机、风机、抽水机、空压机等。看图时首先要看清楚主电路中有几个用电负载，以及它们的类别（直流电动机、感应电动机或同步电动机）、用途（带动油泵或水泵、脱粒机、磨面机等）、工作特点、接线方式（Y 形、△形、YY 形或 Y-△形等）和一些不同的要求等。下面以图 9-9 所示的点动控制线路为例来说明控制线路图读图的方法。

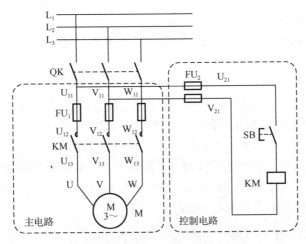

图 9-9　点动控制线路

图 9-9 中的用电负载是一台三相异步电动机 M。要看清楚电动机是否要求正、反转，启动、制动和调速方法是什么。该控制电路只是点动正转。

（2）要弄清楚用电设备是用什么电气元件控制的。实际电路中对用电负载的控制方法有很多种。有的用电负载只用开关控制，有的用电负载用启动器控制，有的用电负载用接触器或其他继电器控制，有的用电负载用程序控制器控制，而有的用电负载直接用大功率放大电路来控制。正因为用电负载种类繁多，所以，对用电负载的控制方法就有很多种，这就要求分析清楚主电路中的用电负载与控制元件的对应关系，即从主电路接触器的文字符号，到控制电路中去找它对应的线圈。图 9-9 中的电动机是用接触器 KM 控制的。

（3）了解主电路中所用的控制电器及保护电器。控制电器是指除常规接触器外的其他电气元件，如电源开关（转换开关及断路器）、万能转换开关等。保护电器是指短路保护器件及过载保护器件，如断路器中电磁脱扣器及热过载脱扣器；熔断器、热继电器及过电流继电器等元器件。图 9-9 中，主电路由刀开关 QK、熔断器 FU_1、接触器 KM 组成。刀开关 QK 是总电源开关，即电路与电源相接通或断开的开关；FU_1 熔断器对电路短路起保护作用，即电路发生短路时，熔断器的熔断体立即熔断，使负载与电源断开。它们分别对电动机 M 起过载保护和短路保护作用。

（4）看电源。看电源是为了解电源电压等级是 380V 还是 220V，是从母线汇流排供电还是配电屏供电，或是从发电机组接出来的。

交流电多数情况下是由三相交流电网供电，有时也用交流发电机供电。交流电源低电压等级有 380V、220V、110V、36V、24V 等，频率多为 50Hz，直流电有的是直流发电机供给，有的是整流设备供给。直流电源常见的电压等级为 660V、220V、110V、24V、12V 等。

图 9-9 中的电路电源为 380V 交流三相电，电源频率为 50Hz。

3. 识读控制电路

控制电路往往按动作先后顺序，从左至右、由上而下并联排列，所以，阅读时应从上到下，一个环节一个环节地进行分析。分析控制电路时可根据主电路中各电动机和执行电器的控制要求，逐一找出控制电路中的控制环节，用前面讲的基本电气控制线路知识，将控制电路"化整为零"，按功能不同划分成若干个局部控制电路来分析。控制电路的阅读步骤与方法如下。

1）区分控制电路的电源

分清控制电路电源种类和电压等级。控制电路的电源有两种：一种是交流电源；另一种是直流电源。

控制电路所用交流电源电压一般为 380V 或 220V，频率为 50Hz。控制电路电源若是引自三相电源的两根相线，则电压为 380V；若控制电路电源引自三相电源的一根相线和一根零线，则电压为 220V。控制电路电源若为直流，一般常用的直流电源电压有 110V、24V、12V 三种等级。

控制电路中的一切电气元件的线圈额定电压必须与辅助电路电源电压一致，否则，电压低时电气元件不动作；电压高时会把电气元件线圈烧坏。图 9-9 中控制电路的电源是从主电路的两条相线上接来的，电压为单相 380V。

2）掌握每个控制元件的作用

弄清控制电路中的控制元件对主电路用电负载的控制关系是识读电路图最关键的环节。搞清了控制电路各控制元件的作用和控制元件对主电路用电负载的控制关系，就读懂了电路原理图。

控制电路是一个大回路，而在大回路中经常包含若干个小回路；在每个小回路中有一个或多个控制元件。一般情况下，主电路中用电负载越多，则控制电路的小回路和控制元件也就越多。

在图 9-9 所示的电路中，控制电路只有一个回路，在此回路中有两个熔断器（FU₂）、一个按钮常开开关（SB）、一个交流接触器（KM）线圈等控制元件。按钮开关（SB）是控制交流接触器（KM）线圈通、断电的控制元件；而交流接触器（KM）通过 3 个主触点控制主电路三相异步电动机启动或停止。

3）根据控制电路来研究主电路的动作情况

控制电路总是按动作顺序画在两条水平线或两条垂直线之间的，因此，可以从左到右或从上到下来分析。对复杂的控制电路，在电路中整个控制电路构成一条大支路，这条大支路又分成几条独立的小支路，每条小支路控制一个用电器或一个动作。当某条小支路形成闭合回路有电流流过时，在支路中的电气元件（接触器或继电器）则动作，把用电设备接入或切断电源。对于控制电路的分析必须随时结合主电路的动作要求来进行，只有全面了解主电路对控制电路的要求以后，才能真正掌握控制电路的动作原理，不可孤立地看待各部分的动作原理，而应注意各个动作之间是否有互相制约的关系，如电动机正、反转之间应设有联锁等。

在图 9-9 所示的电路中，控制电路只有一个回路，其动作过程如下：合上电源开关 QK，主电路和控制电路均有电压，当按下启动按钮 SB 时，电源经 FU_2→启动/停止按钮 SB→接触器 KM 线圈→形成回路，接触器的主触点 KM 闭合，使电动机 M 得电，正常运行。

4）掌握各控制元件之间的制约关系

根据设备对电气控制的要求和机、电、液的相互联系，分析各电器之间的相互控制和相互制约的关系，分析设备的机械操作手柄、按钮开关等与电器联动的关系。这是研究电路工作原理、识读电路图的重要步骤。在电路中所有的电气设备、装置、控制研究都不是孤立存在的，相互之间都有密切关系；有的元器件之间是控制与被控制的关系，有的是相互制约关系，有的是联动关系。在控制电路中，控制元件之间的关系也是如此，如在图 9-9 所示的电路中，按钮开关（SB）就是控制交流继电器（KM）线圈通电或断电的元件。

5）分析特殊控制环节

在某些控制电路中，还设置了一些与主电路、控制电路关系不密切、相对独立的某些特殊环节，如产品计数装置、自动检测系统、自动记温装置等。这些环节往往自成一个小系统，其看图分析的方法可参照上述分析过程，并灵活运用所掌握的电子技术、自控系统、检测与转换等知识逐一分析。

9.2　直接控制电动机启动电路

一般小型电动机（5kW）可以直接用开关启动，图 9-10 所示是电动机直接启动的几种电路原理图。

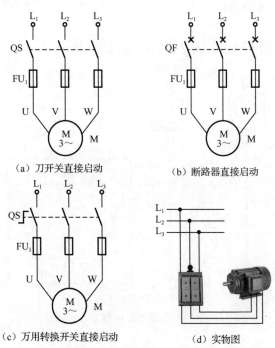

（a）刀开关直接启动　　　（b）断路器直接启动

（c）万用转换开关直接启动　　　（d）实物图

图 9-10　直接启动电路原理图

9.3　点动正转控制电路

点动控制电路在需要动作时要按下控制按钮，按钮的常开触头接通电源，电气元件得电而工作。

9.3.1　单相点动控制电路

单相点动控制电路原理图如图 9-11 所示。

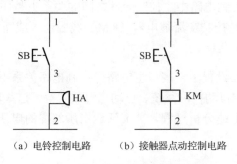

（a）电铃控制电路　　（b）接触器点动控制电路

图 9-11　单相点动控制电路原理图

图 9-11（a）是一个电铃控制电路，按下 SB 按钮，电铃 HA 得电发出铃声。图 9-11（b）是接触器点动控制电路，按下 SB 按钮，常开触头接通电源，接触器 KM 线圈得电，主触头闭合，设备开始工作，松开按钮后，触头断开电路，继电器失电，主触头断开，设备停止。此种控制方法多用于起吊设备的"上""下""前""后""左""右"和机床的"步进""步退"等控制。

单相点动接触器控制电路接线示意图如图 9-12 所示。

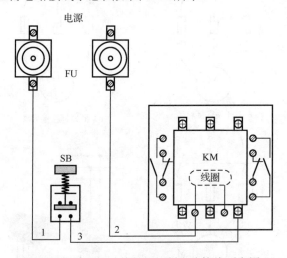

图 9-12　单相点动接触器控制电路接线示意图

9.3.2　三相点动控制电路

三相点动控制电路原理图和接线图如图 9-13 所示。

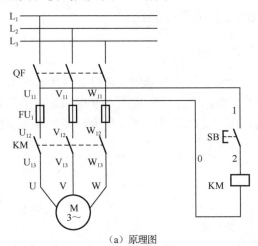

（a）原理图

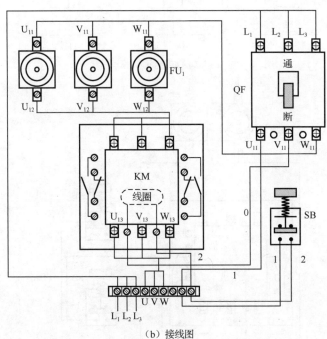

（b）接线图

图 9-13　三相点动控制电路原理图和接线图

　　由图 9-13（a）可知，三相交流电源 L_1、L_2、L_3 与断路器 QF 组成电源电路；熔断器 FU_1、接触器 KM 主触头和电动机组成主电路；启动按钮 SB 和接触器 KM 线圈组成控制电路。

　　工作原理如下：合上断路器 QF→按下启动按钮 SB→接触器 KM 线圈得电→接触器 KM 主触头闭合→电动机得电而工作。松开启动按钮 SB→接触器 KM 线圈失电→KM 主触头断开→电动机失电而停止工作。

9.4 三相异步电动机正转控制线路

9.4.1 具有过载保护的自锁正转控制线路

1. 接触器自锁控制原理

当启动按钮松开后，接触器通过自身的辅助常开触头使其线圈保持得电的作用称为"自锁"。自锁又称为"自保护"，俗称"自保"，是设备长时间运行的基本控制电路的一种控制形式。与启动按钮并联起自锁作用的辅助常开触头称为自锁触头。自锁正转控制线路和接线图如图 9-14 所示。

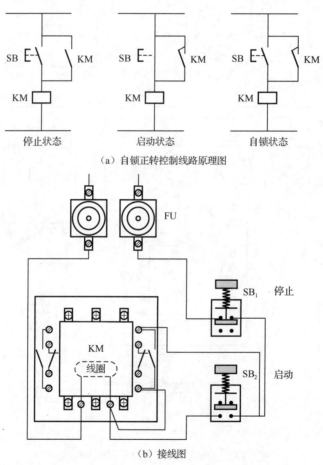

（a）自锁正转控制线路原理图

（b）接线图

图 9-14 自锁正转控制线路和接线图

2. 具有过载保护的自锁正转控制线路

具有过载保护的自锁正转控制线路原理图如图 9-15 所示。

采用接触器控制可以频繁启停电动机，而闸刀不能，闸刀只起接通和断开负载的作用。接触器自锁控制线路不但能使电动机连续运转，还有欠压和失压（或零压）的保护作用。

过载保护是指当电动机出现过载时，能自动切断电动机的电源，使电动机停转的一种保护。

电动机控制线路中，最常用的过载保护电器是热继电器，它的热元件串联在三相主电路中，常闭触头串联在控制电路中。

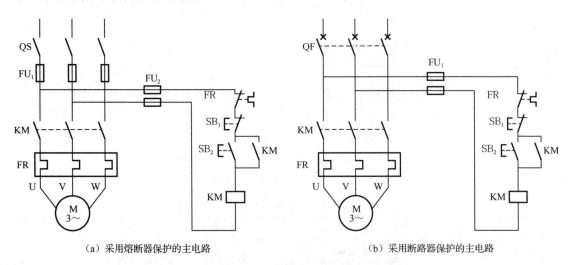

（a）采用熔断器保护的主电路　　　　　　　　（b）采用断路器保护的主电路

图 9-15　具有过载保护的自锁正转控制线路原理图

工作原理：先合上电源开关 QS/QF。

9.4.2　配盘-控制电路接线步骤和方法

三相异步电动机的控制电路很多，只要学会一种控制电路的安装过程和方法，其他控制电路的安装就会很容易解决。

1. 画出配盘电路的原理图

在安装控制电路前，应画出控制电路的原理图，并了解其工作原理。

下面以接触器正转控制电路为例进行介绍。接触器正转控制电路如图 9-16 所示，给控制电路上标出线号，原理不再赘述。

2. 列出器材清单并选配器材

根据控制电路和电动机的规格列出器材清单，该控制电路的清单见表 9-2。

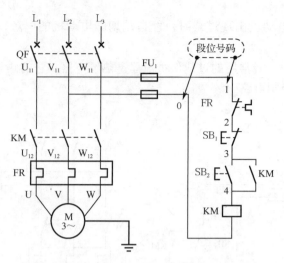

图 9-16　接触器正转控制电路

表 9-2　接触器正转控制电路安装器材清单

符　号	名　称	型　号	规　格	数　量
M	三相异步电动机	Y112M-4	4kW、380V、△接法、8.8A	1
QF	断路器	DZ5-20/330	三相复式脱扣器、380V、20A	1
FU$_1$	螺旋式熔断器	RL1-15/2	500V、15A、配额定电流 2A 的熔断体	2
KM	交流接触器	CJT1-20	20A、励磁线圈电压 380V	1
FR	热继电器	JR16-20/3	额定电流 20A，整定电流调节范围 6.8～11A	1
SB	按钮	LA4-311	保护式	2
XT	端子板	TD-1515	15A、15 节、660	1
	配电板		500mm×400mm×20 mm	1
	主电路导线		BV 1.5mm^2 和 BVR 1.5mm^2（黑色）	若干
	控制电路导线		BV 1.5mm^2（红色）	若干
	按钮导线		BVR 1mm^2（红色）	若干
	接地导线		BVR 1.5mm^2（黄绿双色）	若干
	紧固螺钉和编码套管			若干

3. 电路配盘布置

接触器正转控制电路配盘布置图如图 9-17 所示，并用螺钉将器件进行正确固定。
安装器件的工艺要求如下。

（1）断路器、熔断器的输入端子应安装在控制板的外侧。

（2）元件的安装位置应整齐，间距合理，这样有利于元件的更换和维修。

（3）在紧固器件时，用力咬均匀，紧固程度要适当。在紧固熔断器、接触器等易碎裂元件时，应用手按住器件，一边轻轻摇动，一边用螺钉旋具轮换拧紧对角线上的螺钉，直到手摇不动后再适当拧紧即可。

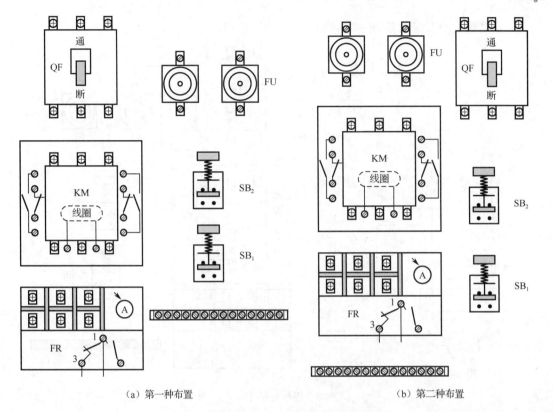

(a) 第一种布置　　　　　　　　　　　　　(b) 第二种布置

图 9-17　接触器正转控制电路配盘布置图

4. 布线

布线工艺要求如下。

（1）布线通道应尽可能少，同路并行导线按着主电路、控制电路分类集中，单层密排，紧贴安装面布线。

（2）布线时，导线应横平竖直，分布均匀，变换走向时应尽量垂直转向。

（3）布线时，严禁损伤线芯和导线绝缘层。

（4）同一平面的东西走向应高低一致或前后一致，不要交叉，一定要交叉时，交叉东西走向应在接线端子引出时就水平架空跨越，且必须走线合理。

（5）布线一般以接触器为中心，由里向外，由低向高，按先控制电路，后主电路的顺序进行，以不妨碍后续布线为原则。

（6）同一元件、同一回路的不同接点的东西走向间距离应保持一致。

（7）为区分导线的功能，可在每根剥去绝缘层的导线两端套上编码套管，套编码套管要正确，两个接线端子之间的导线必须连续，中间无接头。

（8）一个元件的接线端子上的连接导线尽量不要多于两根，接点要牢靠，不得有松动。

（9）可靠连接电动机和按钮金属外壳的保护接地线。

布线步骤要求如下。

1）连接控制电源

连接控制电源示意图如图 9-18 所示。

从断路器的负荷侧接线到控制熔断器 FU 的进线端。

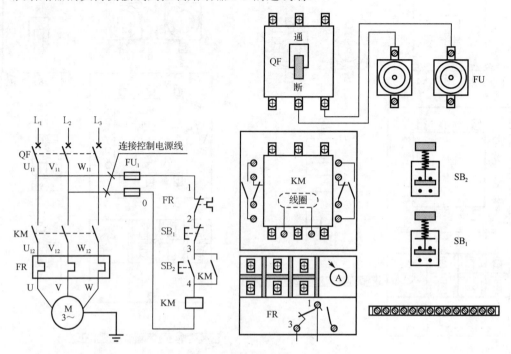

图 9-18　连接控制电源示意图

2）连接 0、1 号控制线

连接 0、1 号控制线示意图如图 9-19 所示。

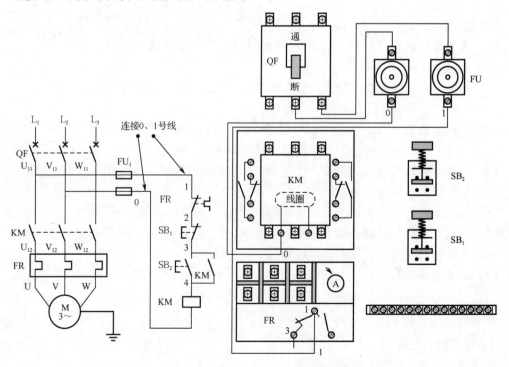

图 9-19　连接 0、1 号控制线示意图

1号线从熔断器接至热熔断器的常闭触头进线端；0号线从熔断器接至接触器线圈的一端。

3）连接2号控制线

连接2号控制线示意图如图9-20所示。

2号控制线是从热继电器的常闭触头出线端，经端子板接至停止按钮 SB$_1$ 常闭触头前端。

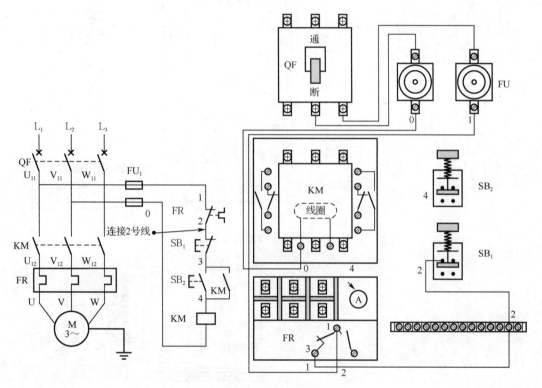

图9-20 连接2号控制线示意图

4）连接3号控制线

连接3号控制线示意图如图9-21所示。

3号控制线是从 SB$_1$ 的常闭触头后端，接至启动按钮 SB$_2$ 的常开触头前端。

5）连接4号控制线

连接4号控制线示意图如图9-22所示。

4号控制线是从 SB$_2$ 的后端接至接触器 KM 的线圈。

6）连接自锁控制线

连接自锁控制线示意图如图9-23所示。

自锁电路是由接触器的常开触头并联在 SB$_2$ 触点两端的3、4号线组成，已经接在 KM 线圈的4号线再接一条线，接到接触器自身辅助常开触头的一端（后端），从 SB$_1$ 后端的3号线位置再接一条线到接触器辅助常开触头的一端（前端），3、4号线必须接在同一对辅助常开触头上。

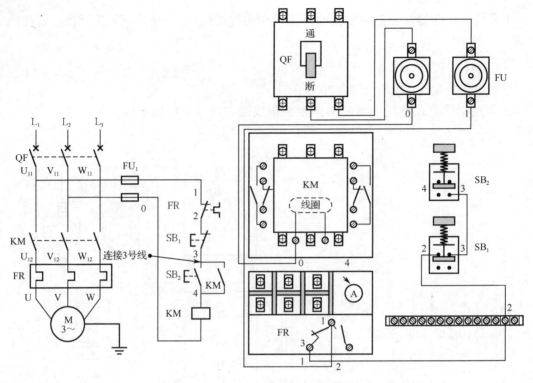

图 9-21　连接 3 号控制线示意图

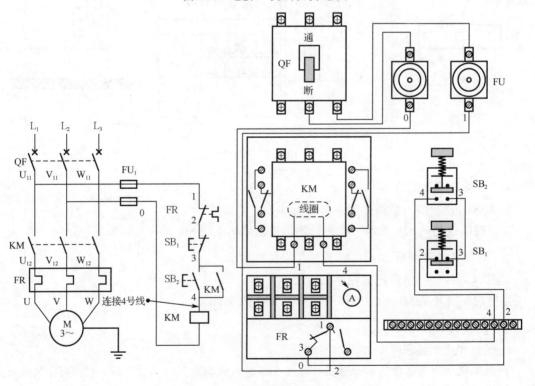

图 9-22　连接 4 号控制线示意图

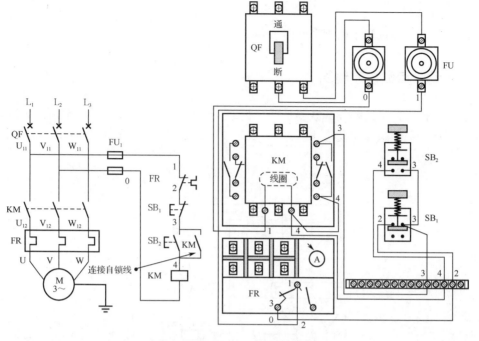

图 9-23　连接自锁控制线示意图

7）连接主电路线

连接主电路线示意图如图 9-24 所示。

分别连接断路器 QF、接触器 KM、热继电器 FR 的 3 条主电路接线，最后引入端子板的 U、V、W 端子。

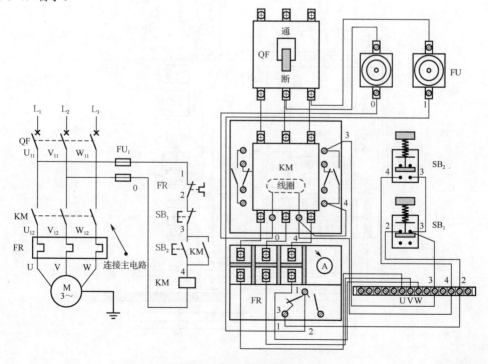

图 9-24　连接主电路线示意图

8）连接电源线

电源线及地线通过端子板接至断路器和按钮。

9.4.3 长动、点动控制线路

在实际工作中，机床等设备既要长动（长期工作），也要点动，图 9-25 所示为既能长动也能点动的控制电路原理图及接线图。

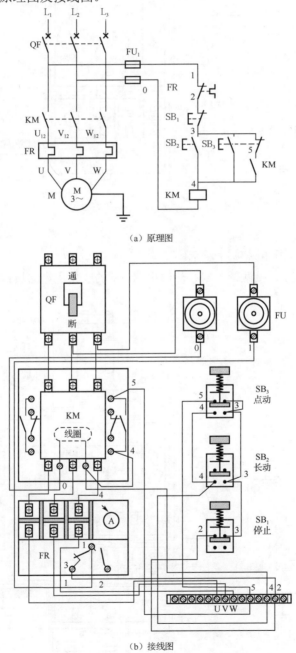

（a）原理图

（b）接线图

图 9-25 既能长动也能点动的控制电路原理图及接线图

既能长动也能点动控制电路的工作原理如下：

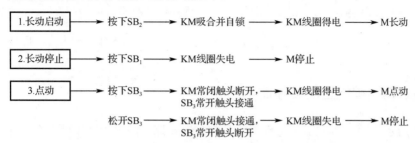

必须指出，这种电路中，要求点动按钮的常闭触点恢复闭合的时间应大于接触器的释放时间，否则将使自锁回路接通而不能实现点动控制。通常接触器的释放时间很短，约几十毫秒，故上述电路一般是可以用的。

9.5　三相异步电动机正反转控制线路

有的生产机械往往要求实现正反两个方向的运动，例如，机床工作台需要前进与后退；起重机的吊钩需要上升与下降等，这就要求电动机可以正反转。由电工学可知，若将接至交流电动机的三相电源进线中任意两相接线对调，即可进线反转。

9.5.1　倒顺开关正反转控制线路

倒顺开关正反转控制线路如图 9-26 所示。

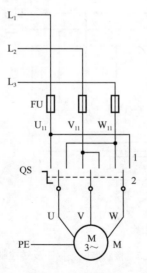

图 9-26　倒顺开关正反转控制线路

倒顺开关正反转控制线路工作原理如下：

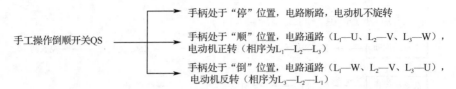

手工操作倒顺开关QS

手柄处于"停"位置，电路断路，电动机不旋转

手柄处于"顺"位置，电路通路（L_1—U、L_2—V、L_3—W），电动机正转（相序为L_1—L_2—L_3）

手柄处于"倒"位置，电路通路（L_1—W、L_2—V、L_3—U），电动机反转（相序为L_3—L_2—L_1）

9.5.2 接触器联锁的正反转控制电路

图 9-27 所示为两个接触器的电动机正反转控制电路，图中使用了两个分别用于正反转的接触器 KM_1、KM_2，对这个电动机进行电源电压相序的调换。

接触器联锁的正反转控制电路原理如下，先闭合电源开关 QF。

正转启动：

按下SB_2按钮 ——→ KM_1线圈得电 ——→ KM_1主触头闭合 ——→ 电动机启动连续正转

KM_1辅助动合触头闭合，自锁

反转启动：

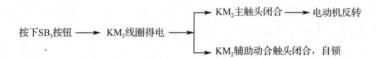

按下SB_3按钮 ——→ KM_2线圈得电 ——→ KM_2主触头闭合 ——→ 电动机反转

KM_2辅助动合触头闭合，自锁

停止：

按下SB_1按钮 ——→ KM_1或KM_2线圈失电 ——→ KM_1或KM_2主触头分断 ——→ 电动机停转

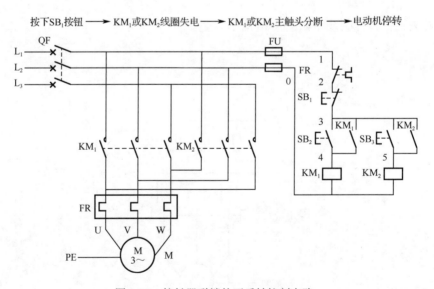

图 9-27 接触器联锁的正反转控制电路

该电路的缺点如下：电动机从正转转变为反转时，必须先按下停止按钮后，才能按反转按钮，否则由于接触器的联锁作用，不能实现反转。

9.5.3 接触器互锁的正反转控制电路

1. 电气联锁控制

一台生产机械有较多的运动部件，这些部件根据实际需要应有相互配合、相互制约、先后顺序等各种要求。这些要求若用电气控制来实现，就称为电气联锁控制。常用的电气联锁控制有以下4种。

1）相互制约

相互制约联锁控制又称为互锁控制。例如，当拖动生产机械的两台电动机同时工作会造成事故时，就需要使用互锁控制；又如，许多生产机械常常要求电动机能正、反向工作，对于三相异步电动机，可借助正、反向接触器改变定子绕组相序来实现，而正、反向工作也需要互锁控制，否则，当误操作同时使正、反接触器线圈得电时，将会造成短路故障，如图9-28所示。

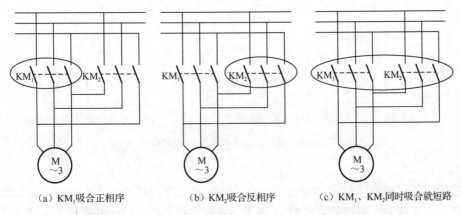

（a）KM_1吸合正相序 　　（b）KM_2吸合反相序 　　（c）KM_1、KM_2同时吸合就短路

图9-28　误操作同时使KM_1、KM_2吸合将会造成短路故障

2）两个接触器互锁

两个接触器互锁控制线路构成的原则如下：将两个不能同时工作的接触器 KM_1 和 KM_2 各自的辅助动断触点相互交换地串接在彼此的线圈回路中，如图9-29所示。

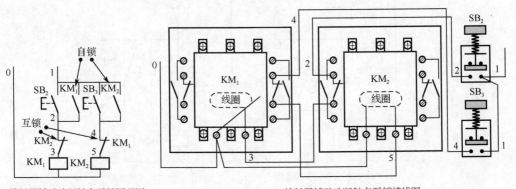

（a）接触器辅助动断触点互锁原理图 　　　（b）接触器辅助动断触点互锁接线图

图9-29　两个接触器互锁

3）按先决条件制约

在生产机械中，要求必须满足一定先决条件才允许开动某一电动机或执行元件时（即要求各运动部件之间能够实现按顺序工作时），就应采用按先决条件制约的联锁控制线路（又称为按顺序工作的联锁控制线路）。例如，车床主轴转动时要求油泵先给齿轮箱供油润滑，即要求保证润滑油泵电动机启动后主轴拖动电动机才允许启动。

这种按先决条件制约的联锁控制线路构成的原则如下：

（1）要求接触器 KM_1 动作后，才允许接触器 KM_2 动作时，则需要接触器 KM_1 的动合触头串联在接触器 KM_2 的线圈电路中，如图 9-30（a）、（b）所示。

（2）要求接触器 KM_1 动作后，不允许接触器 KM_2 动作时，则需将接触器 KM_2 的动断触头串联在接触器 KM_2 的线圈电路中，如图 9-30（c）所示。

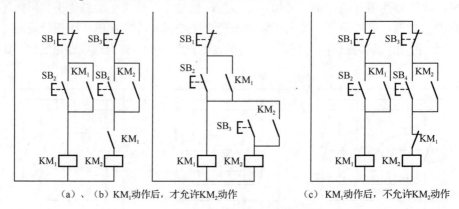

（a）、（b）KM_1动作，才允许KM_2动作   （c）KM_1动作后，不允许KM_2动作

图 9-30　按先决条件制约的联锁控制线路

4）选择制约

某些输出机械要求能够正常启动、停止，又能够实现调整的点动工作时（即需要在工作状态和点动状态两者之间进行选择时），需采用选择联锁控制线路。其常用的实现方式有以下两种：

（1）用复合按钮实现选择联锁，如图 9-31（a）所示；

（2）用继电器实现选择联锁，如图 9-31（b）所示。

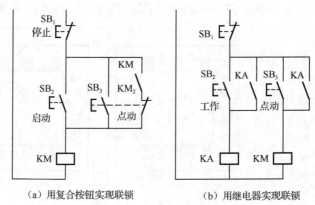

（a）用复合按钮实现联锁   （b）用继电器实现联锁

图 9-31　选择制约的联锁控制线路

2. 接触器互锁的正反转控制电路

在图9-27所示的接触器联锁的正反转控制电路中,若因其他意外原因使两个接触器KM_1、KM_2线圈同时得电并自锁,它们的主触头都闭合,这时会造成电动机和三相电源的相间短路事故,所以,该电路不常使用。

为避免两接触器同时得电而造成电源相间短路,在控制电路中,分别将两个接触器KM_1、KM_2的辅助动断触头串接在对方的线圈回路中,如图9-32所示。这样可以形成互相制约的控制,即一个接触器通电时,其辅助动断触头会断开,使另一个接触器的线圈支路不能通电,这就是互锁控制电路。

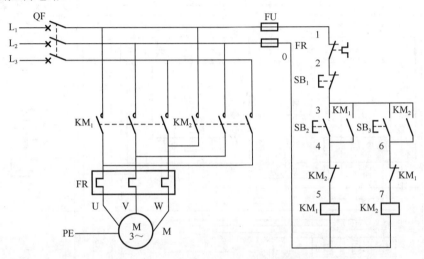

图9-32　接触器互锁的正反转控制电路

接触器互锁正反转控制电路原理如下,先闭合电源开关 QF。
正转启动:

反转启动:

停止:

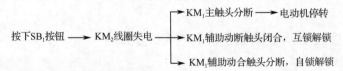

3. 接触器互锁正反转控制电路接线图

接触器互锁正反转控制电路接线图如图9-33所示。

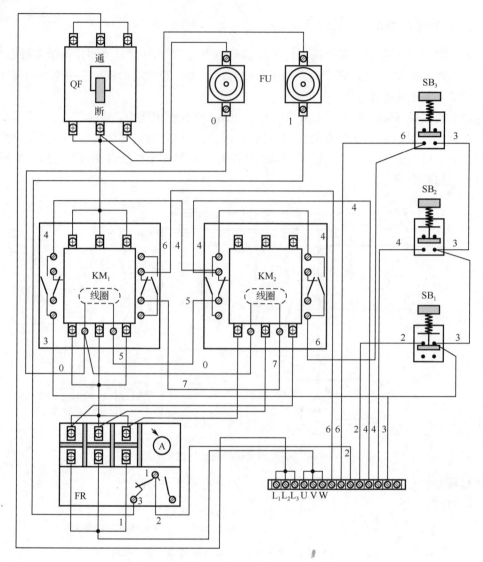

图 9-33　接触器互锁正反转控制电路接线图

9.5.4　按钮互锁的正反转控制电路

为克服接触器联锁正反转控制线路操作不便的缺点，把图 9-32 中的正转按钮 SB_2 和反转按钮 SB_3 换成两个复合按钮，并使两个复合按钮的常闭触头代替接触器的联锁触头，就构成了按钮联锁的正反转控制线路，其线路原理图如图 9-34 所示。

9.5.5　按钮、接触器双重联锁正反转控制电路

按钮、接触器双重联锁正反转控制电路可以有效解决按钮联锁正反转控制电路容易出现两相电源短路的问题。按钮、接触器双重联锁正反转控制电路如图 9-35 所示。

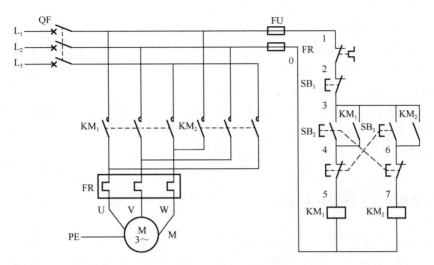

图 9-34 按钮互锁的正反转控制电路

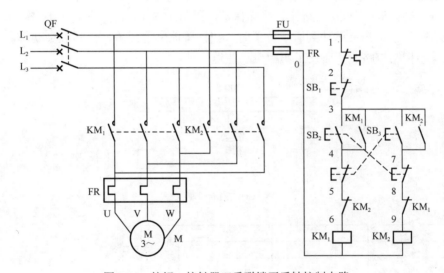

图 9-35 按钮、接触器双重联锁正反转控制电路

按钮、接触器双重联锁正反转控制电路工作原理如下。

（1）闭合电源开关 QF。

（2）正转控制。

按下正转复合按钮 SB_2→SB_2 常开触头闭合、常闭触头断开→SB_2 常开触头闭合使接触器线圈 KM_1 得电→KM_1 主触头、常开辅助触头闭合，KM_1 常闭辅助触头断开→KM_1 主触头闭合使电动机正转，KM_1 常开辅助触头闭合时 KM_1 接触器自锁，KM_1 常闭辅助触头断开，与断开的 SB_2 常闭触头双重切断 KM_2 线圈供电，使 KM_2 线圈没有供电而不能工作。

松开 SB_2 后，SB_2 常开触头断开、常闭触头闭合，依靠 KM_1 常开辅助触头的自锁让 KM_1 线圈维持得电，KM_1 主触头仍处于闭合，电动机维持正转。

（3）反转控制。按下反转复合按钮 SB_3→SB_3 常开触头闭合、常闭触头断开→SB_3 常开触头闭合使接触器线圈 $KM2$ 得电→KM_2 主触头、常开辅助触头闭合，KM_2 常闭辅助触头断开→KM_2

主触头闭合使电动机反转，KM_2 常开辅助触头闭合时 KM_2 接触器自锁，KM_2 常闭辅助触头断开，与断开的 SB_3 常闭触头双重切断 KM_1 线圈供电，使 KM_1 线圈没有供电而不能工作。

松开 SB_3 后，SB_3 常开触头断开、常闭触头闭合，依靠 KM_2 常开辅助触头的自锁让 KM_2 线圈维持得电，KM_2 主触头仍处于闭合，电动机维持反转。

（4）停止控制。按下停止按钮 SB_1→控制电路供电切断→KM_1、KM_2 线圈均失电→ KM_1、KM_2 主触点均断开→电动机停止工作。

（5）断开电源开关 QF。

9.6　自动往返控制电路

自动往返控制电路原理如图 9-36 所示。为了使电动机的正反转控制与工作台的左右运动相配合，在控制线路中设置了 4 个位置开关 SQ_1、SQ_2、SQ_3 和 SQ_4，且把它们安装在工作台需要限位的地方。其中，SQ_1、SQ_2 用来自动切换电动机正反转控制电路，以实现工作台的自动往返行程控制；SQ_3、SQ_4 用来作为终端保护，以防止 SQ_1、SQ_2 失灵，工作台越过限定位置而造成事故。当工作台运动到所限位置时，挡铁碰撞位置开关，使其触头动作，自动换接电动机正反转控制电路，从而使工作台自动往返运动。

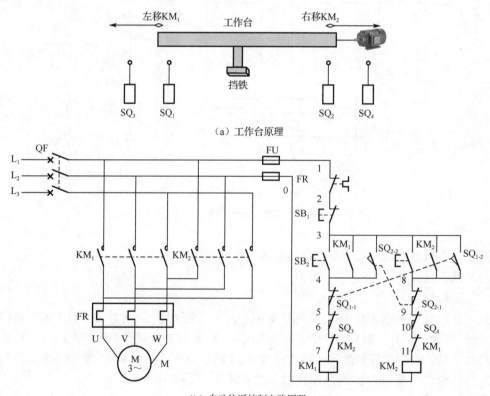

（a）工作台原理

（b）自动往返控制电路原理

图 9-36　自动往返控制电路原理

自动往返控制电路原理如下，先合上开关 QF。

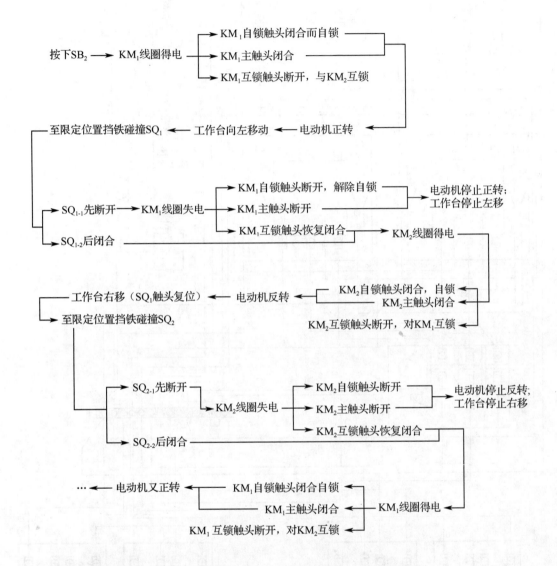

电动机不断重复上述过程，工作台就在限定的行程内自动往返运动。

按下按钮 SB$_3$，其工作过程与正转类似。电路中的自锁：由 KM$_1$（或 KM$_2$）的辅助动合触头并联 SB$_2$（SB$_3$）的动合触头实现自锁。

若想使电动机停转，则按停止按钮 SB$_1$，控制电路断电，接触器主触头断开，电动机断开电源停止运行。

自动往返控制电路接线示意图如图 9-37 所示。

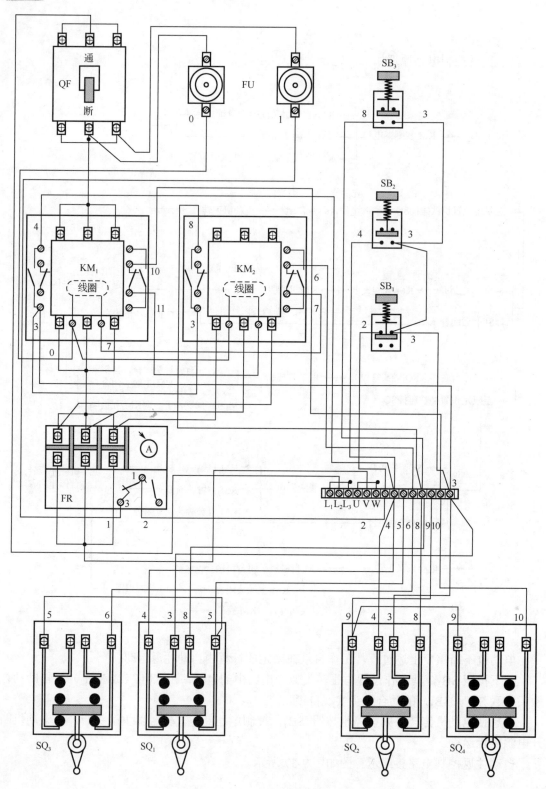

图 9-37 自动往返控制电路接线示意图

9.7 三相电动机顺序控制电路

9.7.1 两台电动机的顺序控制电路

在装有多台电动机的生产机械上，各电动机所起的作用不同，有时需要按一定的顺序启动才能保证操作过程的合理和工作的安全可靠。例如，机械加工车床要求油泵先给齿轮箱供润滑油，即要求油泵电动机必须先启动，待主轴润滑正常后，主轴电动机才允许启动。这种顺序关系反映在控制电路上，称为顺序控制。

图 9-38 所示为两台电动机 M_1 和 M_2 的顺序控制电路原理图。图中所示控制电路的特点是，将接触器 KM_1 的一对动合触点串联在接触器 KM_2 线圈的控制线路中。这就保证了只有当接触器 KM_1 接通，电动机 M_1 启动后，电动机 M_2 才能启动，而且，如果由于某种原因（如过载或失压等）使接触器 KM_1 失电释放而导致电动机 M_1 停止时，电动机 M_2 也立即停止，即可以保证电动机 M_2 和 M_1 同时停止。另外，该控制电路还可以实现单独停止电动机 M_2。

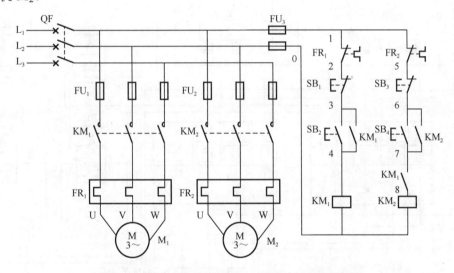

图 9-38 两台电动机 M_1 和 M_2 顺序控制电路原理图

两台电动机顺序控制电路接线图如图 9-39 所示。

9.7.2 单台电动机时间控制电路

单台电动机时间控制电路如图 9-40 所示。按启动按钮 SB_2，接触器 KM 得电并自锁，电动机启动运行。与此同时，时间继电器 KT 得电并开始计时，当达到预先整定的时间，它的延时动断触点 KT 断开，切断接触器控制电路，电动机停止。同样，用时间继电器的延时动合触点，可以接通接触器控制电路，实现时间控制。

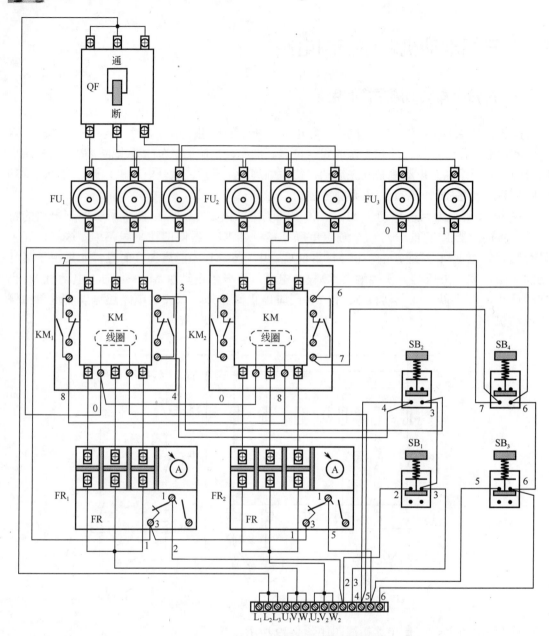

图 9-39　两台电动机顺序控制电路接线图

9.7.3　有时间要求控制的顺序启动、顺序停止电路

有时间要求控制的顺序启动、顺序停止电路如图 9-41 所示。KM_1、KM_2、KM_3 是 3 个接触器。启动时按下 SB_2 按钮，KM_1 得电吸合，当 KM_1 启动运行一段时间后 KM_2 启动，再经过一段时间 KM_3 启动；停止时按下 SB_3 按钮，KM_3 先停止，过一段时间后 KM_2 停止，最后 KM_1 停止。SB_1 为总停止按钮，按下 SB_1，无论设备运行什么状态，都将立即停止。

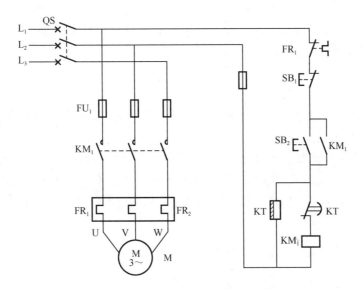

图 9-40　单台电动机时间控制电路

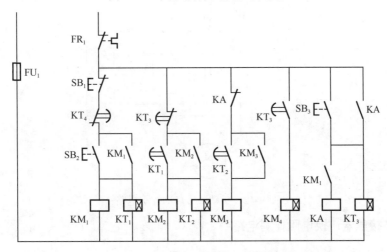

图 9-41　有时间要求控制的顺序启动、顺序停止电路

9.8　三相异步电动机降压启动控制电路

9.8.1　为什么电动机要设置降压启动电路

　　三相异步电动机直接启动的启动电流为额定电流的 5～7 倍，因为启动电流大，直接启动只适用于小容量的电动机。当电动机容量在 10kW 以上时，应采用降压启动，以减小启动电流，但同时也减小了启动转矩，故降压启动适用于启动转矩要求不高的场合。降压启动一般有如下几种方法：正常运行时定子绕组采用三角形连接的电动机，可采用 Y-△降压启动，三相自耦变压器降压启动，还可采取定子绕组电路串联电阻或电抗器，延边三角形启动等。这些启动方法的实质，都是在电源电压不变的情况下，启动时减小加在电动机定子绕组上的电压，以限制启动电流，而在启动以后再将电压恢复至额定值，电动机正常运行。

9.8.2 定子绕组串联电阻降压启动控制电路

1. 手动降压启动控制电路

手动降压启动控制电路如图 9-42 所示，它是在电源与电动机之间串联 3 个电阻，并在电阻两端并联转换开关。

其工作原理如下：先合上电源开关 QS_1，电源电压通过串联电阻 R 分压加到电动机的定子绕组上进行降压启动；当电动机的转速升高到一定值时，再合上 QS_2，这时电阻 R 被开关 QS_2 的触头短路，电源电压直接加到定子绕组上，电动机便在额定电压下正常运行。断开电源开关 QS_1 电动机停止运行。

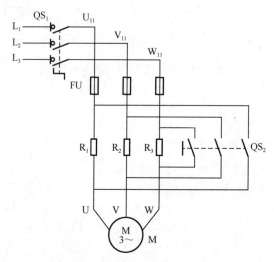

图 9-42　手动降压启动控制电路

2. 按钮与接触器切换电阻控制电路

按钮与接触器切换电阻控制电路如图 9-43 所示。

按钮与接触器减压启动控制电路原理如下，先合上电源开关 QS。

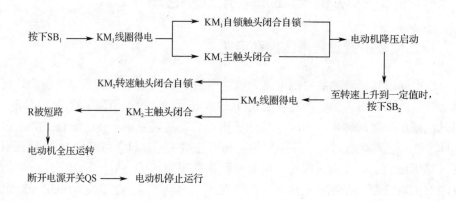

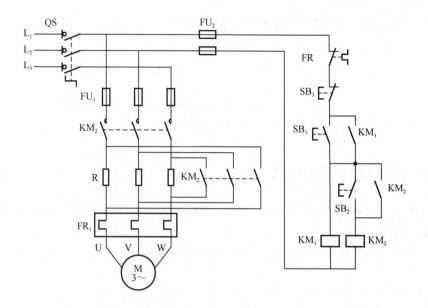

图 9-43　按钮与接触器切换电阻控制电路

3. 时间继电器切换电阻自动控制线路

时间继电器切换电阻自动控制电路图如图 9-44 所示。这个线路中用时间继电器 KT 代替了图 9-42 中的按钮 SB₂，从而实现了电动机从降压启动到全压启动运行的自动控制。

时间继电器自动减压启动控制线路工作原理如下，合上电源开关 QS。

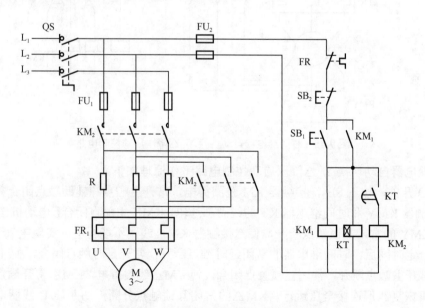

图 9-44　时间继电器切换电阻自动控制电路图

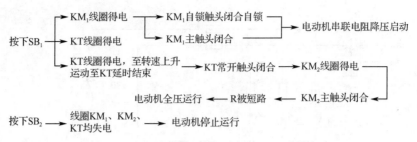

9.8.3 Y-△降压启动控制电路

在正常运行时，电动机定子绕组连接成三角形，启动时把它连接成星形，启动即将完毕时再恢复成三角形。

时间继电器自动切换 Y-△降压启动控制电路如图 9-45 所示。

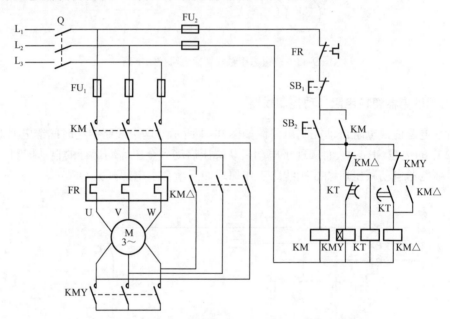

图 9-45 时间继电器自动切换 Y-△降压启动控制电路

时间继电器自动切换 Y-△降压启动控制电路工作原理如下。

合上 Q 开关，按下 SB₂，接触器 KM 线圈得电，常开主触点和辅助触点闭合并自锁。同时 Y 形接触器 KMY 和时间继电器 KT 的线圈都通电，KMY 主触点闭合，电动机作 Y 形连接而启动。KMY 的常闭互锁触点断开，使△接触器 KM△线圈不能得电，实现电气互锁。

经过一定时间后，时间继电器的常闭延时触点断开，常开延时触点闭合，使 KMY 线圈断电，其常开主触点断开，常闭互锁触点闭合，使 KM△线圈得电，KM△常开触点闭合并自锁，电动机恢复△形连接全压运行。KM△的常闭互锁触点分断，切断 KT 线圈电路，并使 KMY 不能得电，实现电气互锁。

SB₁为停止按钮，KMY 和 KM△实现电气互锁的目的是避免 KMY 和 KM△同时通电吸合而造成严重的短路事故。

9.8.4 自耦变压器降压启动控制电路

自耦变压器降压启动是指电动机启动时利用自耦变压器来降低在电动机定子绕组上的启动电压。待启动一定时间，转速升高到预定值后，将自耦变压器切除，电动机定子直接接上电源电压，进入全压运行。

自耦变压器降压启动控制电路如图 9-46 所示。它主要由主电路、控制电路和指示灯电路组成。主电路中自耦变压器 T 和接触器 KM_1 的触点构成自耦变压器启动器，接触器 KM_2 主触点用以实现全压运行。

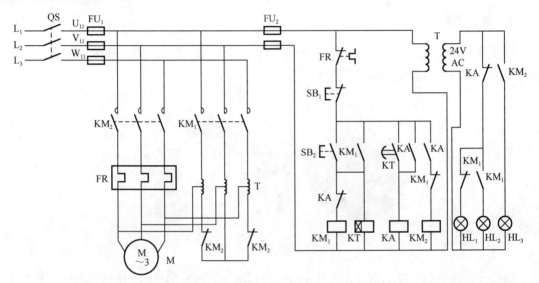

图 9-46 自耦变压器降压启动控制电路

启动过程按时间原则控制，电动机工作原理如下，首先合上电源开关 QS。

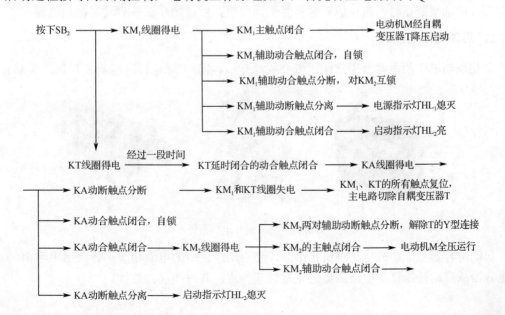

图 9-46 所示的控制电路选用中间继电器 KA，用以增加触点个数和提高控制电路设计的灵活性。指示电路用于通电、启动、运行指示。该电路还具有过载和失压保护功能。

自耦变压器降压启动方法适用于启动较大容量的电动机，但自耦变压器较贵，而且不允许频繁启动。

9.9 单相交流电动机的控制

9.9.1 单相异步电动机的启动元件

1. 离心开关

利用离心开关来切除单相电阻启动和电容启动的启动绕组，或切除电容启动及运转的启动电容器。离心开关外形结构如图 9-47 所示。

图 9-47　离心开关外形结构

离心开关主要包括静止部分和旋转部分。静止部分装在前端盖内，旋转部分装在转轴上，它利用转子转速的变化，引起旋转部分的重块所产生离心力大小的改变，通过滑动机构来闭合或分断触点，达到在启动时接通启动绕组的目的；电动机运转时重块飞离，触点断开，切断电源；电动机静止时，重块因有弹簧拉力而复位，触点闭合以备启动时接通电源。

2. 启动运行电容器

单相电动机中的电容器通常使用纸介或油介电容器，启动运行电容器外形如图 9-48 所示。

图 9-48　启动运行电容器外形

启动电容器与电动机启动绕组相串联，使启动绕组中的电流超前运转绕组电流 $90°$，启动电容器从启动开始直至电动机接近正常转速为止，其时间仅为数秒。

3. 重锤式启动继电器

重锤式启动继电器外形结构及实物如图 9-49 所示。

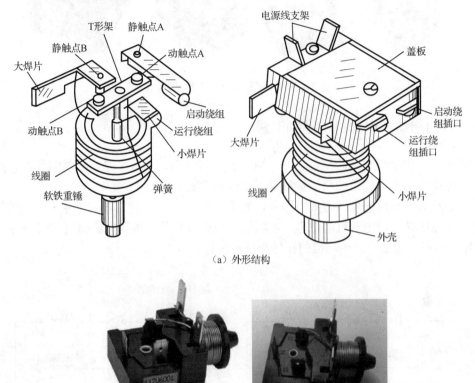

（a）外形结构

（b）实物

图 9-49　重锤式启动继电器外形结构

在自然状态下，由于线圈没有电流流过，T 形架在重锤的重力作用下处于最下面的位置上，此时动、静触点分离；当继电器线圈通电瞬间，由于电动机处于静止状态，运行绕组有较大的启动电流通过，励磁线圈产生较大的磁力，吸引重锤上移，并靠小弹簧推动 T 形架向上移，使动、静触点接触，接通启动绕组电路，使电机定子产生旋转磁场，电机立即启动。启动后，当转子转速接近额定转速时，启动电流也趋于额定电流，线圈产生的磁力就会小于重锤的重力。于是重锤带动 T 形架下落，使动、静触点分离，切断启动绕组电路，启动过程结束。启动后转子在运行绕组的作用下进入正常运转状态。

4. PTC 启动器

PTC 启动器外形结构如图 9-50 所示。

PTC 元件为正温度系数的热敏电阻。这种元件当温度高于居里点以上温度状态时可视为开路状态，而低于居里点以下的温度状态可视为短路状态。因此，PTC 元件可以作为一个无触点开关。

图 9-50　PTC 启动器外形结构

9.9.2　分相启动式电动机的控制电路

　　分相启动式电动机有两个绕组，一个是运行绕组线圈，另一个是启动绕组线圈，颠倒两个绕组线圈中任意一个绕组的两端接线就可以使电动机翻转。

　　分相启动式电动机的接线方式有两种，如图 9-51 所示。分相启动式单相电动机的接线端子盒有 6 个接线端子，电动机的电容、主副绕组和离心开关的接线方法如图 9-52 所示，利用 6 个连接板不同的接法实现电动机的正转和反转运行。

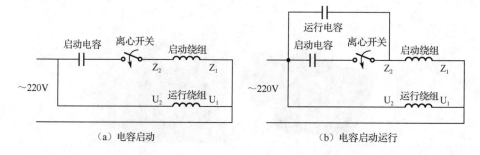

图 9-51　分相启动式电动机的两种接线方式

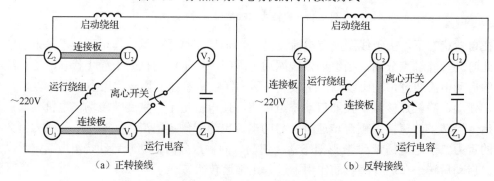

图 9-52　分相启动式单相电动机的接线方法

9.9.3　重锤启动式电动机的控制电路

　　重锤启动式电动机控制电路如图 9-53 所示。

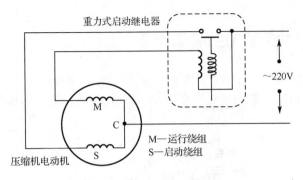

图 9-53 重锤启动式电动机控制电路

9.9.4 PTC 启动式电动机的控制电路

PTC 启动式电动机控制电路如图 9-54 所示。

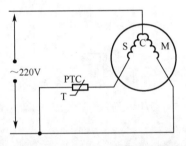

图 9-54 PTC 启动式电动机控制电路

当电动机开始启动时，PTC 元件温度较低，因而电阻值较小，使启动绕组有电流通过。但在启动过程中，因启动电流是正常工作电流 4～6 倍，使 PTC 元件的温度急剧上升。当温度高于某一值（居里点）时，PTC 进入高阻状态，使启动绕组回路近乎断路状态，此时，电机已进入正常转速工作状态。

9.9.5 单相电容启动式电动机的应用电路

单相电容启动式电动机为永久分相式电容电动机，这种电动机结构简单，启动快速，转速稳定，但功率较小，一般多用于小家电，如电风扇、抽烟机、排气扇等。

当电动机在通电启动或正常运行时，该电动机其串联的电阻器，均与启动绕组串联，其工作原理如图 9-55 所示。

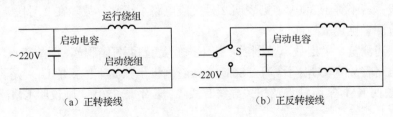

图 9-55 单相电容启动式电动机工作原理

9.9.6 交流电压法检测电气控制线路故障

万用表分段分阶交流电压法示意图如图 9-56 所示。以下都是以"按下启动按钮 SB₂，接触器 KM₁ 不吸合"的故障现象为例进行维修的。测量时应将万用表的选择开关置于交流 500V 的电压挡位。

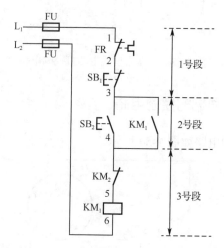

图 9-56　万用表分段分阶交流电压法示意图

1. 对控制电路进行合理分段

若按下启动按钮 SB₂，接触器 KM₁ 不吸合，表明控制电路有故障，这时可把控制电路分成若干个区段，如图 9-56 所示。

2. 根据测量结果，判断故障范围

首先用万用表测量 U_{1-6}（即 1、6 两点的电压，以下表示法类同）是否等于 380V（按下 SB₂ 不放或用短路线暂时短路 SB，下同）。若不等于 380V，则表明电源部分有故障，则应查找、排除电源部分的故障；然后对区段电路进行测量，以判断故障范围，并逐步缩小故障范围，具体测量步骤如下：

（1）用万用表测量 U_{1-6} 电压是否等于 380V，但故障没有排除，则表明控制电路有故障。

（2）用万用表测量 U_{1-4} 电压是否等于 380V，若等于 380V，则表明 3 号段电路正常，故障在 1 号段和 2 号段；若不等于 380V，则表明 3 号段电路不正常，故障在 3 号段。

（3）接着测量 U_{1-3} 电压是否等于 380V，若等于 380V，则表明 2 号段和 3 号段电路正常，故障在 1 号段；若不等于 380V，则表明 2 号段段电路不正常，故障在 2 号段。

（4）分阶测量确定故障部位。

当经过上述测量，确定故障范围后，接下来就是查找故障部位，即故障点。假设图 9-56 中的 3 号段电路有故障（U_{1-4} 不等于 380V），接着测量步骤如下：测量 U_{1-5} 是否为 380V，若是 380V，则说明 KM₂ 常闭触点及相关导线有故障；若不是 380V，则说明 KM₁ 线圈及相关导线有故障。

第10章

照明线路的安装

10.1 照明线路中的图形符号和文字符号

常用导线敷设方式、部位文字符号见表 10-1 和表 10-2，灯具类型和安装方式文字符号见表 10-3 和表 10-4，照明电路中常见的元器件和电器图形符号见表 10-5 和表 10-6。

表 10-1 导线敷设方式文字符号

新 符 号	旧 符 号	导线敷设方式	新 符 号	旧 符 号	导线敷设方式
E	M	暗装方式	FPC	ZVG	穿 PVC 半管敷设
F		金属软管	K	CP	绝缘子或瓷柱敷设
T	DG	穿电线管敷设	PR	XC	PVC 线槽敷设
C	A	明装方式	SR	GC	钢线槽敷设
SC	G	穿焊接钢管敷设	CP	SPG	穿蛇皮管敷设
PC	VG	穿 PVC 硬管敷设	—	—	—

表 10-2 导线敷设部位文字符号

新 符 号	旧 符 号	导线敷设部位
WE	QM	沿墙敷设
CLE1	ZM1	沿柱敷设
BE1	LM1	沿屋架敷设
CE	PM	沿天棚或顶面敷设
BE2	LM2	跨屋架敷设
CLE2	ZM2	跨柱敷设
WC	QA	暗敷在墙内
BC	LA	暗敷在梁内
CLC	ZA	暗敷在柱内
CC	PA	暗敷在顶板内
ACC	PNA	暗敷在不上人的吊顶内
FC	DA	暗敷在地下

表 10-3　灯具类型文字符号

灯具类型名称	文 字 符 号	灯具类型名称	文 字 符 号
普通吊顶	P	荧光灯	Y
壁灯	B	吸顶灯	D
花灯	H	投光灯	T
马路弯灯	MD	泛光灯	FD
事故照明灯	SD	防尘灯、防水灯	FS
水晶底罩灯	J	防水防尘灯	F
柱灯	Z	搪瓷伞罩灯	S

表 10-4　灯具安装方式文字符号

新 符 号	旧 符 号	灯具安装方式	新 符 号	旧 符 号	灯具安装方式
CL		柱上安装	CP2	X2	防水线吊式
CP	X	线吊式	CP3	—	吊线器式
CP1	X1	固定线吊式	CH	L	链吊式
R	R	墙壁内安装	CR	DR	顶棚内安装
S	D	吸顶式或直附式	WR	BR	墙壁内安装
W	B	壁装式	T	—	台上安装
SP		支架上安装	HM	—	座装

表 10-5　照明电路中常用的元器件图形符号

符 号 名 称	图形符号（GB 4728）	文字符号（GB 7159）	符 号 名 称		图形符号（GB 4728）	文字符号（GB 7159）
普通白炽灯	⊗	E 或 EL	开关一般符号			S
花灯	⊗		三极开关	一般符号		
矿山灯	⊖			暗装		
防爆灯	◉			密闭（防火）		
安全灯	⊖			防爆		
球形灯	●		单极拉线开关			
壁灯	◗		单极双控拉线开关			
单管荧光灯	⊢		单极三线双控开关			
投光灯一般符号	⊗					
聚光灯	⊗→					

续表

符号名称	图形符号 （GB 4728）	文字符号 （GB 7159）	符号名称		图形符号 （GB 4728）	文字符号 （GB 7159）
泛光灯	⊗→	E 或 EL	多拉开关		↗	S
弯灯	⟳		调光器		↗	
局部照明灯	⊙		照明配电箱（屏）		▬	AL
防火防尘灯	⊗		动力或动力-照明配电箱		▭	AP
探照灯	⊘		多种电源配电箱（屏）		◺	AA
专用电路事故照明灯	⊛		直流配电盘（屏）		▭	AZ
信号灯	⊗		事故照明配电箱（屏）		⊠	AL
防爆荧光灯	⊢◄		交流配电盘（屏）		∿	AJ
带接地插孔	单相插座	⊓	X 或 XS	单项插座	一般符号	⊓	X 或 XS
	暗装	⊓			暗装	⊓	
	密闭（防水）	⊓			密闭（防水）	⊓	
	防爆	⊓			防爆	⊓	
带接地插孔三相插座	一般符号	⋎					
	暗装	⋎					
	密闭（防水）	⋎		电信插座符号		⊓	
	防爆	⋎					

表 10-6 其他常用电器的图形符号

名 称	图 形 符 号
空调	▭
电风扇	⊢∞
电钟	◔
电热水器	▭
电阻加热装置	⊘

导线特征的标注格式见表 10-7。

表 10-7　导线特征的标注格式

种类	第一种标注格式	第二种标注格式
格式	$a-d(e×f)-g-h$	$a-d-k-e×f-g-h$
说明	a——线路编号和功能符号； d——导线型号； e——导线根数； f——导线截面积（mm^2）； g——导线敷设方式符号； h——导线敷设部位符号	a——线路编号和功能符号； d——导线型号； e——导线根数； f——导线截面积（mm^2）； g——导线敷设方式符号； h——导线敷设部位符号； k——电压（V）
示例	例 1：　$1-BLV(2×10)-TC25-WC$ 表示 1 号线用直径 25mm 的电线管（TC），沿墙暗敷（WC）2 根截面积为 10mm² 的塑料绝缘导线（BLV） 例 2： 　$BX(3×35+1×25)-SC50-FC$ 表示用用直径 50mm 的煤气管（SC）敷设 3 根截面积为 35mm² 和 1 根截面积为 25mm² 的橡皮绝缘铜线（BX），暗敷在地面内（FC）	例： 　$0-BV-500-3×6+1×2.5-PC20-WC$ 表示 0 号导线用 500V 的铜芯塑料线（BV），截面积 6mm² 的导线 3 根，截面积 2.5mm² 的导线 1 根，用直径为 20mm 的硬塑料管（PC），沿墙暗敷（WC）

在电气照明平面图中，要标注设备的编号、型号、规格、数量，以及安装和敷设方式等信息。常用电气设备的标注方式见表 10-8。

表 10-8　常用电气设备的标注方式

类　别	标 注 方 式	说　明	举　例
电力和照明设备	1. 一般标注法 $a\dfrac{b}{c}$ 或 $a-b-c$ 2. 标注引入线的规格 $a\dfrac{b-c}{d(e×f)-g}$	a——设备编号； b——设备型号； c——设备功率（kW）； d——导线型号； e——导线根数； f——导线截面积（mm^2）； g——导线敷设方式及部位	例：$2\dfrac{Y}{10}$ 表示电动机的编号为第 2，型号为 Y 系列笼型感应电动机，额定功率为 10kW
开关及熔断器	1. 一般标注法 $a\dfrac{b}{c/i}$ 或 $a-b-c/i$ 2. 标注引入线的规格 $a\dfrac{b-c/i}{d(e×f)-g}$	a——设备编号； b——设备型号； c——设备电流（A）； d——导线型号； e——导线根数； f——导线截面（mm^2）； g——导线敷设方式及部位； i——整定电流或熔断体额定电流（A）	例 1：HK-10/2 表示开启式负荷开关，串联熔断器，额定电流为 10A，2 极 例 2：RC-5/3 表示插入式熔断器，额定电流为 5A，熔断体额定电流为 3A

续表

类　别	标注方式	说　明	举　例
照明灯具	1. 一般标注法 $a-b\dfrac{c\times d\times L}{e}f$ 2. 灯具吸顶安装 $a-b\dfrac{c\times d\times L}{-}f$	a——灯数； b——型号或编号； c——每盏照明灯具的灯泡数； d——灯泡容量（W）； e——灯泡安装高度（m）； f——安装方式； L——光源种类	例1：$3-Y\dfrac{2\times40}{2.5}C$ 表示房间内有 3 盏型号相同的荧光灯（Y），每盏灯由两只 40W 灯管组成，安装高度 2.5m，链吊式（C）安装。 例2：$6-J\dfrac{1\times40}{-}$ 表示走廊及楼道有 6 盏水晶罩灯（J），每盏灯为 40W，吸顶安装（一）
交流电	$m\sim fu$	m——相数； f——频率（Hz）； u——电压（V）	

10.2　照明配电网络

照明配电网络主要是指照明电源从低压配电屏到用户配电箱之间的接线方式。

1. 照明配电网络的基本接线方式

1）放射式

放射式接线就是各个分配电箱都由总配电柜（箱）用一条独立的干线连接，干线的独立性强而互不干扰，即当某个干线出现故障或需要检修时，不会影响其他干线的正常工作，故供电可靠性较高。但该接线方式所用的导线较多，总配电箱上的电气设备较多，也占用了较多的低压回路，因此，多用于较重要的负荷，如图 10-1（a）所示。

2）树干式

树干式是仅从总配电箱引出一条干线，各分配电箱都从这条干线上直接接线，如图 10-1（b）所示。这种接线方式结构简单，投资也较少。但在供电可靠性性方面不如放射式。因为如果干线任意一处出现故障，都有可能影响整条干线，一般适用于不重要的照明场所。

3）混合式

混合式接线如图 10-1（c）所示，这种接线方式可根据负荷的重要程度、负荷的位置、容量等因素综合考虑，在实际工程中应用较为广泛。

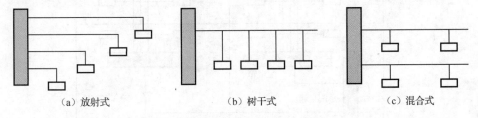

（a）放射式　　　　　（b）树干式　　　　　（c）混合式

图 10-1　照明配电网络的基本接线方式

2. 照明配电网络典型的接线方式

1）工业厂房照明配电系统

工业厂房的配电系统一般是根据厂房的性质、面积和使用要求，往往采取集中、分层、分区控制的方式。照明干线从车间变电所的低压配电屏引入车间总配电箱后，采用放射或树干式引入各区域（层）的分配电箱，再由分配电箱引出的支线向各灯具及用电设备供电。

2）多层公用建筑的照明配电系统

图 10-2 所示是多层建筑的照明配电系统。其用户线直接进入大楼的传达室或配电间的总配电柜（箱），由总配电箱采取干线或立管（竖井）方式向各层分配电箱供电，再经分配电箱引出支线向房间照明设备供电。

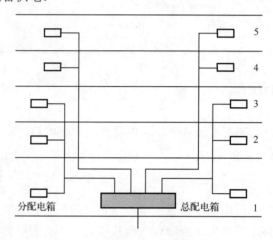

图 10-2　多层建筑的照明配电系统

3）住宅照明配电系统

住宅照明配电系统如图 10-3 所示。它是以每一楼梯间作为单元，进户线引至该住宅的总配电箱，再由干线引至每一单元配电箱，各单元采用树干式或放射式向各层用户的分配电箱供电。

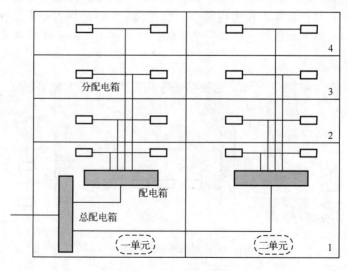

图 10-3　住宅照明配电系统

10.3 识读小户型住宅内配电电路

住宅小区常采用单相三线制,电能表集中装于楼道内。一室一厅配电电路图如图 10-4 所示。

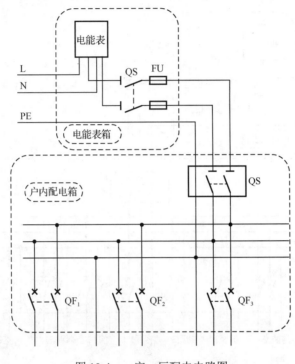

图 10-4 一室一厅配电电路图

一室一厅配电电路中共有 3 个回路,即照明回路、空调回路、插座回路。图 10-4 中,QS 为双极隔离开关;QF$_1$~QF$_3$ 为双极低压断路器,其中 QF$_2$、QF$_3$ 具有漏电保护功能。

10.4 识读大户型三室两厅住宅内配电电路

三室两厅住宅内配电电路图如图 10-5 所示。图中共有 12 个回路,总电源处不装漏电保护器。这样做主要是由于房间面积较大,分路多,漏电电流不容易与总漏电保护器匹配,容易引起误动作或拒动。另外,还可以防止回路漏电引起总漏电保护器跳闸,从而使整个房间停电。而在回路上装设漏电保护器就可克服上述缺点。

10.5 识读照明配电系统图

图 10-6 所示为常见的住宅照明配电系统图。从图中可以看到进线为 3 根,采用的是截面积 10mm^2 的塑料绝缘铜芯线,穿 ϕ25mm 的钢管,沿墙用暗敷设的方法安装(BV-3×10-SC25-WC)。而位于配电箱右侧的后墙是 4 条线路,从上到下对应平面图中所示的 1、2、3、4 号线路。1 号照明线路为 3 根截面积为 2.5mm^2 的塑料绝缘铜芯线,穿 ϕ16mm 的

PVC 电线管，沿墙采用暗敷设的方法安装（BV-3×2.5-PVC16-WC）。2 号空调线路和 4 号厨房插座线路，各为 3 根截面积为 6mm² 的塑料绝缘铜芯线，穿 ϕ20mm 的 PVC 电线管，沿墙用暗敷设的方法安装（BV-3×6-PVC20-WC）。3 号房间插座线路为 3 根截面积为 4mm² 的塑料绝缘铜芯线，穿 ϕ20mm 的 PVC 电线管，沿墙用暗敷设的方法安装（BV-3×4-PVC20-WC）。

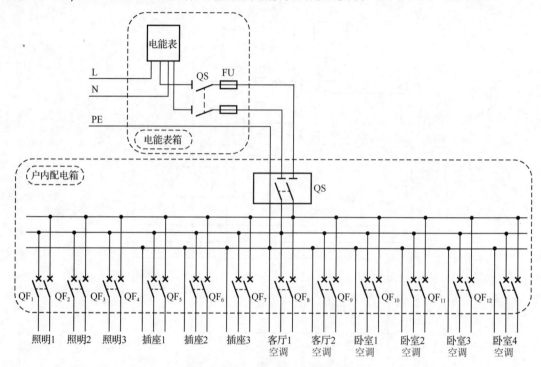

图 10-5　三室两厅住宅内配电电路图

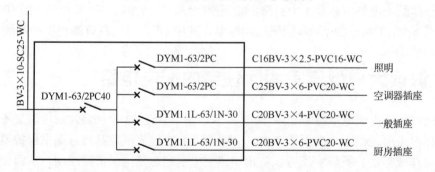

图 10-6　常见的住宅照明配电系统图

10.6　照明接线的两种表示方法

1. 原理图、平面图（工程图）、透视图、接线图的关系

由于一般照明平面上的导线都比较多，在图纸上不可能一一表示清楚，因此，在读图过程中，可另外画出照明、开关、插座等的实际连接示意图，这种图就称为透视图，也称为斜视图。透视图画起来虽然麻烦，但对读图却有很大的帮助。

布置图是表现各种电气设备和器件的平面与空间的位置、安装方式及其相互关系的图纸，通常由平面图、立面图、剖面图及各种构件详图等组成。一般来说，布置图是按三视图绘制的。

单个开关控制一只灯的原理图、平面图、透视图如图 10-7 所示。

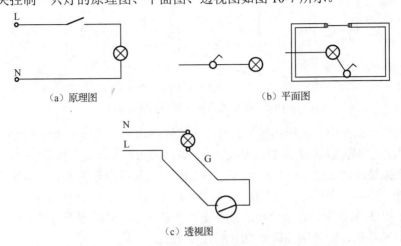

（a）原理图　　　　　　　　　　　　（b）平面图

（c）透视图

图 10-7　单个开关控制一只灯原理图、平面图、透视图

可以看出，平面图和实际接线图是有区别的。由图可知，电源与灯座的导线和灯座与开关之间的导线都是两根，但其意义却不同。电源与灯座的两根导线，一根为直接灯座的中性线（N），另一根为相线（L），中性线直接接灯座，相线必须经开关后再接灯座；而灯座与开关之间的两根导线，一根为相线，另一根为控制线（G）。

2. 照明接线的两种表示方法

为讲清照明线路接线的两种表示方法，下面先以某单元的简单照明电路为例进行介绍，如图 10-8 所示。

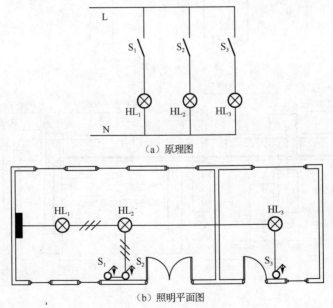

（a）原理图

（b）照明平面图

图 10-8　某单元的简单照明电路

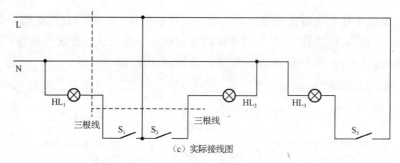

图 10-8　某单元的简单照明电路（续）

在电气照明平面图中，照明接线主要有直接接线法和共头接线法两种方式。

直接接线法是用导线从线路上直接引线连接，导线中间允许有接头的接线方法。图 10-8（b）所示电路的直接接线法如图 10-9（a）所示，灯 HL_1 的相线引自开关 S_1，而中性线则是在总中性线 N 上接出，这样，在总中性线有接点。图 10-9（a）的细虚线表示在平面布置图 10-8（b）中，此处应示出 3 根导线。直接接线法虽然能够节省导线，但不便于检测维修，使用并不是很广泛。图中 S_1、S_2、S_3 分别控制灯 HL_1、HL_2、HL_3。

图 10-9（b）所示为直接接线法的配线图，图中用了 9 根配线管、3 个接线盒。

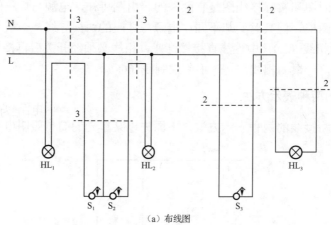

（a）布线图

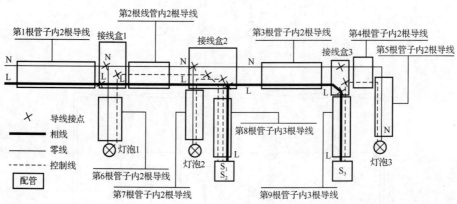

（b）配管图

图 10-9　直接接线法

共头接线法是导线只能通过设备的接线端子引线，导线中间不允许有接头的接线方法。如图 10-10 所示，总中性线只能通过灯的接线端子接线，在其中间没有任何接头。

　　采用共头接线法，导线用量较大，但由于其可靠性比直接接线法高，且检修方便，因此被广泛采用。图 10-10 中用了 5 根配线管，没有接头接线盒。

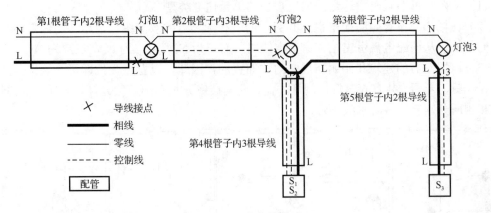

图 10-10　共头接线法

　　从图 10-9 和图 10-10 中可以看出，家装电工实际需要的是配管图，但现实中是没有配管图的。所以，一定要熟练掌握平面图，配管图是从平面图中"勾画"出来的。当然，现实中的布线图也比较少，从布线图线也可"想出"配管图。

　　为便于理解平面图与配管图之间的关系，这里以图 10-11 所示的客厅到卧室的支线为例，画出了配管图。共头接线法不得在管线中间进行导线连接，而只能在接线盒或灯头及开关盒内进行。

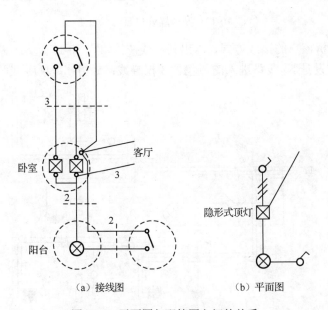

（a）接线图　　　　　　（b）平面图

图 10-11　平面图与配管图之间的关系

10.7　识读某楼层分户照明平面图

某楼层分户照明平面图如图 10-12 所示。识读方法如下：

（1）从图中可以看出，这是一梯三户型的单元住宅类型。

（2）在楼梯间设有照明配电盘，其旁边的带有圆黑点的双箭头，表示该电源是向上向下引通的干线。从该配电盘引出了 3 家供电线路，右户为 N_1，中户为 N_2，左户为 N_3。

（3）该层左右的建筑和照明布局是对称布置的，因此，以左户为例即可。该户是两室、一厅、一厨、一厕，共有 6 盏灯：门灯一盏，两间居室分别有一盏荧光灯，大厅一盏白炽灯，厨房和厕所分别有一盏防水吸顶灯。

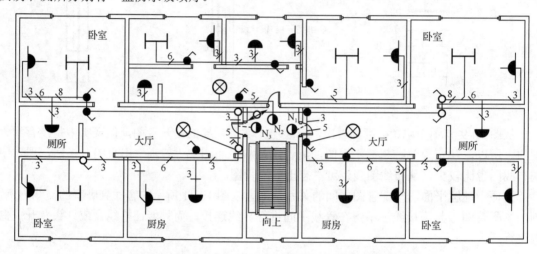

图 10-12　某楼层分户照明平面图

（4）为方便分析该户的接线方式，画出其接线图，如图 10-13 所示。从图 10-13 中可以看出，该户的导线敷设是 N_1 线路进入的，包含 3 根导线：L 相线、N 零线和 PE 保护线。

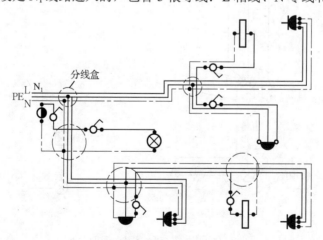

图 10-13　接线图

N_1 线路进入户内后，进入接线盒，然后导线分为两个方向：一路进入大居室的接线盒，从这个接线盒内引出导线至居室的荧光灯、插座及厕所内的吸顶灯。居室荧光灯的东西有两根，分别是相线和零线。而插座是三根导线，多了一根保护线。厕所的吸顶灯也是三根导线。

另一路引向下方的接线盒。从这个接线盒引出门灯和室内门厅灯各两根导线。再从该接线盒引出导线至厨房，厨房同样安装一个接线盒。由厨房接线盒引出的两组导线，一组引至厨房安装的吸顶灯和插座，由一条导线构成。另一组从厨房接线盒再引出三根导线至小居室的接线盒。

从小居室接线盒同样引出两组导线。一组为两根导线，接至室内荧光灯；另一组为三根导线，引至室内插座。

厨房和厕所的吸顶灯各由一只单极开关控制；两个居室和厨房各有一个暗装单相插座。

10.8　漏电保护器的安装

1. 漏电保护器简介

漏电电流动作保护器（国际简称 RCD）简称漏电保护器，是在规定条件下当漏电电流达到或超过电流值时自动断开电路的开关电器或组合电器。漏电保护器主要提供间接接触保护，在一定条件下，也可用作直接接触的补充保护，对可能致命的触电事故进行保护。它是一种既有手动开关作用，又能自动进行失电压、欠电压、过载和短路保护的电器。

漏电保护器的外形、图形符号如图 10-14 所示。

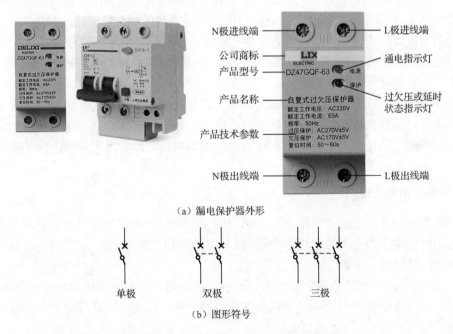

(a) 漏电保护器外形

(b) 图形符号

图 10-14　漏电保护器的外形、图形符号

漏电保护器可以按其保护功能、结构特征、安装方式、运行方式、极数和线数、动作灵敏度等分类。一般小型漏电保护器以额定电流区分，主要有 6A、10A、16A、20A、25A、32A、40A、50A、63A、80A、100A 等。应根据住宅用电负荷决定具体选择哪些规格。

按其保护功能和用途分类，漏电保护器一般可分为漏电保护继电器、漏电保护开关和漏电保护插座 3 种。

（1）漏电保护继电器是指具有对漏电流检测和判断的功能，而不具有切断和接通主回路功能的漏电保护装置。漏电保护继电器由零序电流互感器、分离脱扣器和输出信号的辅助接点组成。它可与大电流的自动开关配合，作为低压电网的总保护或主干路的漏电、接地或绝缘监视保护。

当主回路有漏电流时，由于辅助接点和主回路开关的分离脱扣器串联成一回路，因此，辅助接点接通分离脱扣器而断开空气开关、交流接触器等，使其掉闸，切断主回路。辅助接点也可以接通声、光信号装置，发出漏电报警信号，反映线路的绝缘状况。

（2）漏电保护开关不仅与其他断路器一样可将主电路接通或断开，而且具有对漏电流检测和判断的功能。当主回路中发生漏电或绝缘破坏时，漏电保护开关可根据判断结果将主电路接通或断开。漏电保护开关与熔断器、热继电器配合，就可构成功能完善的低压开关元件。目前这种形式的漏电保护装置应用最为广泛。

（3）漏电保护插座是指具有对漏电电流检测和判断并能切断回路的电源插座。其额定电流一般为 20A 以下，漏电动作电流为 6～30mA，灵敏度较高，常用于手持式电动工具和移动式电气设备的保护及家庭、学校等民用场所。

漏电保护器在反应触电和漏电保护方面具有高灵敏性和动作快速性，这是其他保护电器，如熔断器、自动开关等无法比拟的。自动开关和熔断器正常时要通过负荷电流，它们的动作保护值要由正常负荷电流来整定，因此，它们的主要作用是切断系统的相间短路故障（有的自动开关还具有过载保护功能）。而漏电保护器是利用系统的剩余电流反应和动作，正常运行时系统的剩余电流几乎为零，故它的动作整定值可以整定得很小（一般为 mA 级），当系统发生人身触电或设备外壳带电时，会出现较大的剩余电流，漏电保护器则通过检测和处理这个剩余电流后可靠地动作，切断电源。

电气设备漏电时，将呈现异常的电流或电压信号，漏电保护器通过检测、处理此异常电流或电压信号，促使执行机构动作。根据故障电流动作的漏电保护器被称为电流型漏电保护器，根据故障电压动作的漏电保护器被称为电压型漏电保护器。国内外漏电保护器应用均以电流型漏电保护器为主。

2. 漏电保护器选用

（1）漏电保护器的额定电压有交流 220V 和交流 380V 两种，生活用电一般为单相电，因此，应选用额定电压为交流 220V 的产品。漏电保护器有 2 极、3 极、4 极的，家庭生活用电一般选择 2 极的漏电保护器。

（2）三相三线式 380V 电源供电的电气设备，应选用三极漏电保护器。三相四线式 380V 电源供电的电气设备或单相设备与三相设备共用的电路，应选用三极四线式、四极四线式漏电保护器。

（3）通常插座回路漏电开关的额定电流一般选择 16A、20A，开关回路的漏电保护器额定电流一般选择 10A、16A，空调回路的漏电保护器一般选择 16A、20A、25A，总开关的漏电保护器一般选择 32A、40A。

（4）家庭供电线路中使用漏电保护器，是以保护人身安全、防止触电事故发生为主要目的的，因此，应选额定工作电压为 220V、额定工作电流为 6A 或 10A（安装有空调、电热淋浴器等大功率电器时要相应提高 1～2 个级别）、额定剩余动作电流（漏电电流）小于 30mA、动作时间小于 0.1s 的单相漏电保护器。

（5）大型公共场所、高层建筑用于火灾保护的漏电保护器，应选额定剩余动作电流小于 500mA，动作时只发出声光报警而不自动切断主供电电路的继电器式漏电保护器，其他几项参数能满足配电线路实际负荷的相应规格漏电保护器。如设备工作波形中含有直流成分，选择时除考虑（2）中的参数外，还应选择专用于有直流分量的漏电保护器。

（6）漏电保护器的额定漏电动作电流应满足以下 3 个条件。

一是为了保证人身安全，额定漏电动作电流应不大于人体安全电流值，国际上公认不高于 30mA 为人体安全电流值。

二是为了保证电网可靠运行，额定漏电动作电流应高于低电压电网正常漏电电流。

三是为了保证多级保护的选择性，下一级额定漏电动作电流应小于上一级额定漏电动作电流，各级额定漏电动作电流应有 112～215 倍的级差。

第一级漏电保护器安装在配电变压器低压侧出口处。第二级漏电保护器安装于分支线路出口处，被保护线路较短，用电量不大，漏电电流较小。漏电保护器的额定漏电动作电流应介于上、下级保护器额定漏电动作电流之间，一般取 30～75 mA。

3．漏电保护器在不同系统中的连接方法

1）漏电保护器在 TT 系统中的接线方法

图 10-15 所示为漏电保护器在 TT 系统中的接线方法。TT 系统是指电源侧中性线直接接地，由中性线引出，电源为三相四线制供电，这种系统中的 N 线只是工作零线，该系统中设备的保护线不允许与电源的中性线（即 N 线）连接，而电气设备的金属外壳采取保护接地的供电系统。该供电系统主要用于公用变压器供电系统。

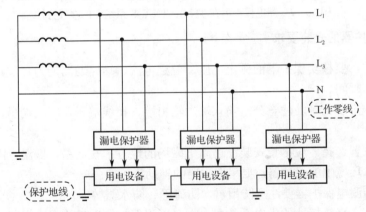

图 10-15　漏电保护器在 TT 系统中的接线方法

2）漏电保护器在 TN-C 系统中的接线方法

图 10-16 所示为漏电保护器在 TN-C 系统中的接线方法。电气设备的工作零（N）线和保护线（PE）线功能合二为一称为 PEN，TN-C 系统是指电源侧中性线直接接地，而电气设备的金属外壳通过接中性线而接地。

3）漏电保护器在 TN-S、TN-C-S 系统中的接线方法

图 10-17 所示为漏电保护器在 TN-S、TN-C-S 系统中的接线方法。TN-S 系统指电源侧中性线和保护线都直接接地，整个系统的中性线和保护线是分开的。TN-C-S 系统指电源侧中性

线直接接地，整个系统中有一部分中性线和保护线是合一的，而在末端是分开的。

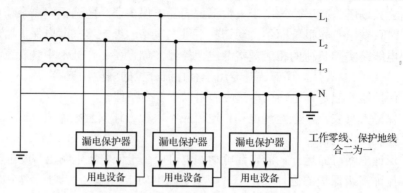

图 10-16　漏电保护器在 TN-C 系统中的接线方法

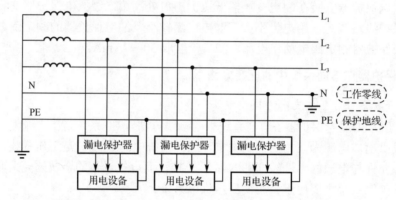

图 10-17　漏电保护器在 TN-S、TN-C-S 系统中的接线方法

4. 漏电保护器的安装要求

（1）安装前，要核实保护器的额定电压、额定电流、短路通断能力、额定漏电动作电流和额定漏电动作时间。

（2）接线一定要正确。注意分清输入端、输出端、相线端子及零线端子，不允许接反、接错。

（3）安装位置选择。应尽量安装在远离电磁场的地方；在高温、低温、湿度大、尘埃多或有腐蚀性气体环境中的保护器，要采取一定的辅助措施。

（4）室外的漏电保护器要注意防雨雪、防碰砸、防水溅等。

（5）在中性点直接接地的供电系统中，大多采用保护接零措施。当安装使用漏电保护器时，既要防止用保护器取代不会接零的错误做法，又要避免保护器误动作或不动作。

10.9　照明开关、插座的安装

（1）开关的类型很多，有拉线开关、跷板式开关和扳把式开关等。按用途可分为一般照明开关、调光开关、调速开关、声光控延时开关、带门铃开关、电子（或机械）式插匙取电开关、电铃开关等。

插座的种类很多，有普通插座、组合插座、防爆插座、带开关及指示灯插座、带熔断器插座、地面插座和组合插座箱等。

插座和开关的型号如图 10-18 所示。

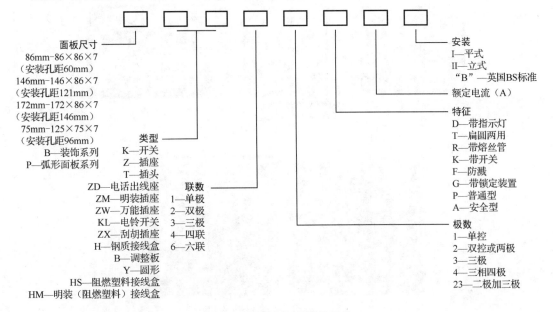

图 10-18　插座和开关的型号

2. 开关、插座安装的相关标准和要求

（1）开关的连接形式：开关必须串联在相线上。

（2）开关安装的距离。按规定开关应安装在进门的一侧，而且手容易碰到的地方。安装高度在照明平面图中一般是不标注的，拉线开关一般安装在距地 2～3m，距门框 0.15～0.2m 的地方，且拉线出口应朝下；其他各种开关安装高度一般为 1.3m，距门框 0.15～0.2m。

（3）扳把开关。安装扳把开关时，必须保证开关扳把向上扳是"开"，向下扳是"关"。

（4）潮湿的房间宜安装防水型开关、插座，易燃易爆的场所应安装防爆型开关、插座。

（5）开关、插座安装时，先将开关盒或插座盒按图纸要求的位置预埋在墙体内。埋设时，应使盒体牢固而平整，盒口应与饰面层平整一致。待接线完毕后将开关或插座面板用螺钉固定在开关盒或插座盒上。

（6）明装插座的安装高度一般为 1.3m，在托儿所、小学及住宅等场合中不应低于 1.8m。安装插座一般距地不低于 0.3m，特殊场所不应低于 0.15m。

（7）安装插座时应确保相线、零线及保护接地线的正确接线，其接法如图 10-19 所示。插座的接地线必须单独敷设，不允许在插座内与零线孔直接相连，不可与工作零线相混同。

① 单相双孔插座。面对插座，右侧孔眼接线柱接相线，左侧孔眼接线柱接中性线（零线）。

② 单相三孔插座。面对插座，上方孔眼（有接地标志）在 TT 系统中接接地线，在 TN-C 系统中接保护中性线，右侧孔眼接相线；左侧孔眼接中性线。

③ 三相四孔插座。面对插座，上方孔眼（有接地标志）在 TT 系统、IT 系统中接接地线，在 TN-C 系统中接保护中性线，相线则是由左侧孔眼起分别接 L_1（A）、L_2（B）、L_3（C）三相。

相线通常为红色，中性线通常为蓝色，接地线通常多为黄绿色。

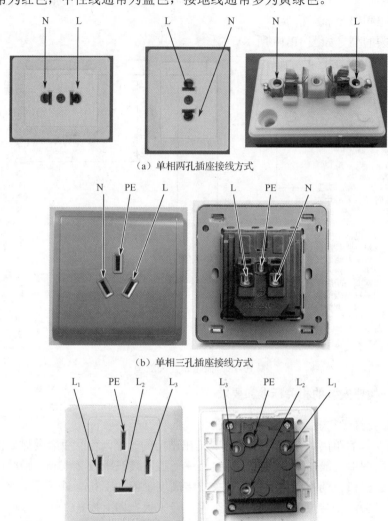

(a) 单相两孔插座接线方式

(b) 单相三孔插座接线方式

(c) 三相四孔插座接线方式

图 10-19　插座接线方式

（8）开关、插座后面的线宜理顺并做成波浪状置于底盒内，并且盒内不允许有裸露的铜线。

（9）开关在布线过程中，必须遵循"相线进开关，中性线进灯头"的原则，如图 10-20 所示。

（10）经验数据。通常，电源开关的安装高度距离地面一般为 120～135cm，以主人使用方便为宜。一般墙上电源插座距地面 30cm 左右；电冰箱的插座距地面 150～180cm；空调、排气扇等的插座距地面为 200cm 左右；厨房插座距地面 110cm；洗衣机的插座距地面 120～150cm；欧式抽油烟机插座，一般位于油烟机中心线离地 220cm 处；在没有特别要求的前提下，插座安装离地一般不低于 30cm。

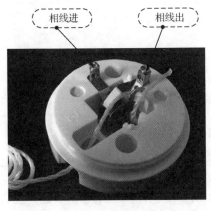

（a）拉线开关外形图　　　　　　（b）拉线开关接线图

图 10-20　相线进开关，中性线进灯头

3. 照明开关的图形符号

照明开关的图形符号见表 10-9。

表 10-9　照明开关的图形符号

开 关 类 型	图 形 符 号	开 关 类 型	图 形 符 号
单控		三联双控	
单联双控		四联双控	
双联双控			

双控开关接线端子的识别如下：双控开关每联含有一个常开触点和一个常闭触点，每联有三个接线端子，分别为常开端子（一般用 L_1 表示）、常闭端子（一般用 L_2 表示）和公共端子（一般用 L 表示或 COM 表示），如图 10-21 所示。

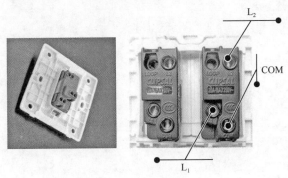

图 10-21　双控开关接线端子的识别

参考文献

[1] 王学屯. 电工基础与实践[M]. 北京：电子工业出版社，2011.

[2] 王学屯. 电工基础边学边用[M]. 北京：化学工业出版社，2015.

[3] 王学屯. 新手学电工基础知识[M]. 北京：电子工业出版社，2012.

[4] 王学屯. 电工电路识图咋得这么学[M]. 北京：机械工业出版社，2017.

[5] 王学屯等. 家装电水暖工技能边学边用[M]. 北京：化学工业出版社，2015.

[6] 王学屯等. 电工技能边学边用[M]. 北京：化学工业出版社，2016.

[7] 王学屯等. 电工识图边学边用[M]. 北京：化学工业出版社，2015.

[8] 孙克军. 维修电工技能速成与实战技巧[M]. 北京：化学工业出版社，2017.

[9] 张校铭. 高低压电工超实用技能全书[M]. 北京：化学工业出版社，2015.

[10] 曾祥富. 电工技能与训练[M]. 北京：高等教育出版社，1994.

[11] 连赛英. 机床电气控制技术[M]. 北京：机械工业出版社，2007.

[12] 郭艳萍等. 电气控制与 PLC 应用[M]. 北京：人民邮电出版社，2013.

[13] 杨清德等. 低压电工技能直通车[M]. 北京：电子工业出版社，2011.

[14] 本书编委会. 怎样识读建筑工程图[M]. 北京：中国建筑工业出版社，2016.

[15] 赵德申. 建筑电气照明技术[M]. 北京：机械工业出版社，2005.

[16] Frank D. Petruzella. 电工技术. 亚宁，等，译. 北京：科学出版社，2008.

[17] 辛长平. 物业电工基础技术与技能[M]. 北京：电子工业出版社，2010.

[18] 秦钟全. 低压电工实用技能全书[M]. 北京：化学工业出版社，2017.